KB263531

국내외 실감콘텐츠관련
산업분석보고서 2024개정판
저자 비피기술거래 비피제이기술거래
㈜ 비티타임즈

<제목 차례>

1. 서론 ·· 5

2. 실감콘텐츠의 개요 ··· 7
　가. 실감콘텐츠의 의의 ······································ 7

　나. 실감콘텐츠의 영역 ······································ 8
　　1) 가상현실 ·· 8
　　2) 증강현실 ·· 9
　　3) 혼합현실 ·· 10
　　4) 확장현실 ·· 11
　　5) 홀로그램 ·· 12
　　6) 오감 미디어 ·· 14

　다. 실감경제의 출범 ·· 15
　　1) 실감경제란? ·· 15

3. 실감콘텐츠 기술 동향 ····································· 18
　가. 가상현실 ·· 22
　　1) 원리 ·· 22
　　2) 주요 기술 ·· 27

　나. 증강현실 ·· 30
　　1) 핵심 기술 ·· 30

　다. 확장현실 ·· 33
　　1) 핵심 기술 ·· 33

4. 실감콘텐츠 관련 정책 ····································· 36
　가. 국내 ·· 37
　　1) K-ICT 디지털 콘텐츠 산업 육성계획 ··············· 37
　　2) 5G+ 전략산업 ··· 38
　　3) 콘텐츠 산업 3대 혁신전략 ··························· 38
　　4) 5G 실감콘텐츠 신시장 창출 프로젝트 ··············· 39

나. 해외동향 ··· 42

  1) 미국 ··· 42

  2) 영국 ··· 44

  3) EU ··· 45

  4) 독일 ··· 46

  5) 중국 ··· 47

  6) 일본 ··· 48

5. 실감콘텐츠 사례 ··· 50

가. 국내 ··· 51

  1) ㈜ 디스트릭트코리아 ··· 51

  2) LG U+ ··· 53

나. 해외 ··· 54

  1) GE ··· 54

  2) BMW ··· 55

  3) 록히드마틴(Lockheed Martin) ··· 56

  4) 포르쉐 ··· 58

  5) 보더폰 ··· 58

6. 실감콘텐츠 산업 동향 ··· 60

가. 산업 유형 발전순 ··· 60

7. 실감콘텐츠 시장 현황 및 전망 ··· 64

가. 국외동향 ··· 64

  1) 디지털콘텐츠 ··· 64

  2) 실감콘텐츠 시장 ··· 75

나. 국내동향 ··· 93

8. 실감콘텐츠 기업 운영 분석 ··· 95

가. 국내 기업 ··· 95

  1) 버넥트 ··· 95

  2) 맥스트 ··· 97

  3) 덱스터 스튜디오 ··· 99

      4) 한빛소프트 ·· 100
      5) ㈜증강지능 ·· 102
      6) 어반베이스 ·· 103
      7) 시어스랩 ·· 105
      8) 스코넥엔터테인먼트 ······································ 108

  나. 국외 기업 ··· 110
      1) HTC ··· 110
      2) 마이크로소프트(MS) ·· 112
      3) 구글 ··· 114
      4) 소니 ··· 115
      5) 오큘러스 ·· 116
      6) 레노바 ·· 118
      7) PTC ·· 119

9. 결론 ·· 121

10. 참고문헌 ·· 123

01

1. 서론

 방송이란 콘텐츠를 중심으로 진행되는 산업이다. 지금까지 우리가 봐왔던 전통적인 형태의 콘텐츠의 제작에서 벗어나, 최근에는 빠르게 변하는 미디어 환경에 맞춰 이동통신 서비스를 기반으로 만들어진 실감형 방송 영상 콘텐츠의 증가와 사용자의 요구가 꾸준히 증가하고 있는 상황이다. 특히, 기술의 발전에 힘입어 현실에는 존재하지 않는 현존감(presence)을 원하는 장소와 시간에서 극대화할 수 있게 됐으며 현실과의 경계도 인지하기 어려운 수준에 도달하게 되었다.

이와 같은 콘텐츠에 대한 몰입감과 현존감에 대한 그리고 사용자 중심의 능동적인 콘텐츠 소비를 가능하게 한 핵심 기술은 5G 이동통신 기술을 중심으로 가상현실(Virtual Reality: VR)과 증강현실(Augmented Reality: AR) 그리고 혼합현실(Mixed Reality: MR) 등 시각적인 가상화 기술이라고 할 수 있다. 소비자에게 시각, 청각 형태로 제공되는 미디어의 실감성을 높이기 위해 촉각, 후각 등 다양한 감각을 자극하는 형태의 콘텐츠 제공기술을 활용하는 광학 및 소프트웨어 기술과 오감미디어 기술을 기반으로 소비자에게 모든 시점에서 관찰을 가능하게 한 3차원 콘텐츠를 제공하는 홀로그램 기술도 실감성의 수준을 향상시키기 위한 기술로 활용된다. 또한, 떨어져 있는 다수의 미디어 사물들을 연결하여 오디오 및 영상 정보를 취득하고 이를 지능적으로 처리하여 실감미디어로 구현함으로써 부가가치가 높아진 미디어 서비스를 제공하는 콘텐츠 중심 사물인터넷 기술 및 웹 브라우저 내에서 여러 형태의 실감형 콘텐츠를 사용하기 위한 기술도 적극적으로 활용되고 있다.

그리고 콘텐츠 내에서 발생하는 다양한 외부 디바이스 연동 및 인터랙션데이터를 웹 기반으로 제공하는 웹 기반 콘텐츠 플랫폼 기술과 여러 개의 센서, 구동 기들을 이용하여 현실세계를 비추고 동기화되는 가상세계의 구축과 운용의 기반을 제공하는 기술도 현재의 실감형 콘텐츠 제작 환경을 보다 빠르게 발전시키고 있다.

이러한 실감형 방송콘텐츠 제작 기술에 많은 기업과 주요 선진 국가가 눈여겨보는 이유는 위에서 기술한 것과 같이 가상화된 몰입형 기반의 실감형 콘텐츠가 국내외 산업 사회에 미치는 영향력과 활용 범위에 있다고 할 수 있다.

따라서 본 보고서에서는 현재의 혁신적인 기술이 이끌고 있는 미래 콘텐츠의 변화를 예측하고 이를 대비하기 위해, 실감콘텐츠의 개요와 사례 시장 현황 및 전망 등 실감콘텐츠에 대해서 알아보고 결론 및 향후 전망을 제시하려 한다.

02

2. 실감콘텐츠의 개요
가. 실감콘텐츠의 의의

실감콘텐츠, 실감형 콘텐츠란 디지털콘텐츠에 실감기술을 적용, 인간의 오감 자극을 통해 정보를 제공해 실제와 유사한 체험(현실감)을 가능하게 하는 콘텐츠이다. K-ICT 표준화 전략맵에서는 'ICT를 기반으로 인간의 감각과 인지를 유발하여 실제와 유사한 경험 및 감성을 확장하는 기술'로 정의함과 동시에 오락, 문화, 방송, 교육, 국방, 의료 등 다양한 분야에서 보고, 듣고, 만지고, 공감할 수 있는 체험형 콘텐츠로도 설명하고 있다.

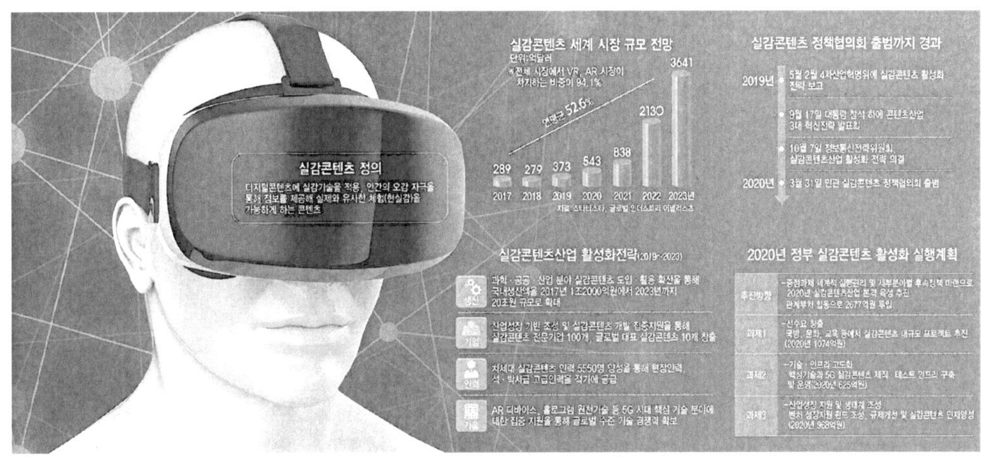

[그림 1] 실감콘텐츠

세계 최초 5G 상용화에 이어, 5G 커버리지 확대, 5G 콘텐츠 투자 확대 및 VR·AR 디바이스 고도화와 확산 등으로 실감콘텐츠 시장 성장이 본격화될 것으로 예상되고 있다. 2014년 페이스북이 가상현실 분야 신생 기업이었던 오큘러스를 약 2조 원에 인수하면서 촉발된 가상현실에 대한 관심은 2016년 초 삼성, 구글, 소니 등 굵직한 IT 기업들이 연이어 소비자용 HMD(Head Mounted Display) 장비를 발표하며 날로 증대되고 있다.

실감형 콘텐츠는 K-ICT 표준화 전략맵에서 'ICT를 기반으로 인간의 감각과 인지를 유발하여 실제와 유사한 경험 및 감성을 확장하는 기술'로 정의하고 있으며 오락, 문화, 방송, 교육, 국방, 의료 등 다양한 분야에서 보고, 듣고, 만지고, 공감할 수 있는 체험형 콘텐츠로도 설명한다. 가상현실, 증강현실, 홀로그램, 오감 미디어 등이 대표적인 실감형 콘텐츠의 예가 되고 있다. 특히 차세대 네트워크로 주목 받고 있는 5G의 상용화와 함께 실감형 콘텐츠의 대중화에 대한 기대감이 높아지고 있다. 실감형 콘텐츠는 게임, 영화를 넘어 다양한 분야로 확대될 것이며, 교육 분야에서 차세대 활용기술로 많은 관심을 받고 있다. 소비자 시각에서 실감형 콘텐츠는 먼저 표현 방식에 있어서 기존의 평면적인 디지털 콘텐츠와 뚜렷하게 차별화되는 입체감과 풍부한 표현력을 가진 콘텐츠를 떠올리게 된다.

나. 실감콘텐츠의 영역

실감형콘텐츠는 국내의 ICT표준화전략맵에서 '생활 전반에서 고품질의 정보를 실감할 수 있는 방식으로 제공하는 기술들을 총칭하고 있으나, 비디오 콘텐츠, MR/VR, 오감 미디어 콘텐츠, 홀로그래픽 콘텐츠, 콘텐츠 중심 사물인터넷, 웹 기반 콘텐츠 플랫폼, 게임, 디지털 가상화, 전자출판 (콘텐츠의 인코딩 기술들은 제외)'으로 중분류되어 표준화 항목으로 선정한 바를 알렸다.

1) 가상현실

가상현실(Virtual Reality)이란 실제하고 있지 않은 환경을 실제로 존재하는 것과 같이 사용자에게 제공해 줄 수 있는 기술이며, 현실과 유사한 환경을 가상현실 기술을 통해 구현하고 이것을 사용자가 상호작용하며 실제와 유사한 경험을 통해 몰입할 수 있는 가상의 공간을 의미한다. 즉, 가상현실이란 컴퓨터 기술을 기반으로 특정한 환경이나 상황을 인공적으로 만들어 그것을 사용하는 사람으로 하여금 실제와 유사한 공간적, 시간적 체험을 하도록 하는 것이다.

가상현실의 가장 중요한 특징에는 3차원의 공간성, 실시간의 상호작용성, 몰입이 있다. 여기에서 3차원의 공간성이란 사용자가 실재하는 물리적 공간에서 느낄 수 있는 상호작용과 최대한 유사한 경험을 할 수 있는 가상공간을 만들어 내기 위해 현실 공간에서의 물리적 활동 및 명령을 컴퓨터에 입력하고 그것을 다시 3차원의 유사 공간으로 출력하기 위해 필요한 요소를 의미한다.

3차원 공간을 구현하기 위해 필요한 요소는 그것을 실시간으로 출력하기 위한 컴퓨터와 키보드, 조이스틱, 마우스, 음성 탐지기, 데이터 등이 있으며 이러한 장비들을 통해 사용자는 가상현실에 더욱 몰입할 수 있다. 사용자는 가상현실에 단순히 몰입할 뿐만 아니라 장치를 이용하여 조작이나 명령을 수행함으로써 가상현실 속에서 상호작용이 가능하며 사용자의 경험을 창출한다는 점에서 상호 작용이 일방적으로 구성되는 경우가 많고 그 목적이 극도로 분명한 시뮬레이션과는 구분된다. 또한 가상현실은 현실을 기반으로 일부 가상의 콘텐츠를 제공하는 증강현실과는 달리 가상의 공간에서 시각·청각·촉각·미각·후각 등 감각정보를 활용하여 공간적, 물리적 제약 때문에 현실 세계에서 직접 경험하지 못하는 상황을 실감적으로 체험할 수 있는 현실적인 느낌을 제공한다.

가상현실은 기술의 난이도, 성숙도, 시스템의 설치 및 운영방식, 몰입 등에 따라 몇 가지 유형으로 구분할 수 있다. 기술적 난이도는 낮고 기존의 컴퓨터 학습과 유사한 개념으로 데스크탑형 가상현실이라고도 불리는 비몰입형, 증가형이 있으며 기술적 난이도는 높지 않지만 프로젝터를 활용한 투사형, 원격조작형, 증강형이 있으며 기술적 난이도가 높고 성숙도가 낮은 몰입형 가상현실이 있다. 제 3의 가상현실의 종류가 3가지 이상으로 나뉘지만, 일반적으로 몰입형 가상현실, 데스크탑형 가상현실, 제3의 가상현실로 크게 구분할 수 있다.

2) 증강현실

[그림 2] 밀그램의 이론을 통한 기술 분류

증강현실(Augmented Reality, AR)은 실제 환경에 가상의 이미지를 결합해 추가적인 정보를 제공하는 기술로, 실제가 아닌 가상현실을 체험할 수 있도록 하는 가상현실(Virtual Reality, VR)과는 차이가 있다.

증강현실은 가상현실과 달리 현실에 부가적인 정보를 보여주는 특징을 가진다. 증강현실은 통상적으로 가상현실과 같이 언급되는 경우가 많다. 최근에는 혼합현실(Mixed Reality) 등의 용어도 언급되고 있다.

완전한 가상 세계를 구성하는 가상현실과는 다르게 증강현실은 현실에 부가적인 정보를 보여주는 특징을 가진다. 혼합현실은 현실 환경과 가상현실 사이에 존재하는 모든 층위를 포함하는 개념으로, 증강현실 또한 혼합현실에 포함된다.

최근에는 증강현실, 가상현실, 혼합현실과 같은 모든 관련 기술들을 통칭하기 위해 XR 이라는 용어도 활용되고 있다. XR에서 X는 변수로 VR/AR 및 MR의 모든 기술을 통칭한다. [1]

---

1) VR/AR, 비현실의 현실화, 삼성증권, 2019.07.12

3) 혼합현실

혼합현실은 1994년 폴 밀그램(Paul Milgram)에 의해 구체화되었다. 혼합현실(Mixed Reality)은 현실 세계와 가상 세계가 혼합된 상태로, 현실을 기반으로 가상 정보를 부가하는 증강현실(Augmented Reality)과 가상 환경에 현실 정보를 부가하는 증강 가상(Augmented Virtuality)의 의미를 포함한다.

즉, 혼합현실은 완전 가상 세계가 아닌 현실과 가상이 자연스럽게 연결된 스마트 환경을 사용자에게 제공하여, 풍부한 체험을 제공한다. 일기 예보나 뉴스 전달을 위한 방송국 가상 스튜디오, 스마트폰이나 스마트안경(스마트 글래스)에서 촬영한 영상을 바탕으로 보여주는 지도 정보, 항공기 가상훈련, 가상으로 옷을 입어볼 수 있는 거울 등으로 다양한 분야에서 사용된다.

[그림 3] 혼합현실의 정의

위의 그림에 등장하는 증강가상현실(Augmented Virtuality, AV)이란 가상현실 기법을 기반으로 콘텐츠를 만들되, 거기에 현실적 요소가 추가돼 상호작용되도록 하는 기술을 일컫는다. 예를 들면 당신이 사무실 의자에 앉아 HMD 고글을 쓰고 가상현실 축구장을 보고 있다고 하자. 그 상태에서 실제로 칩이 내장된 공을 집어 들어 힘껏 던지면 사무실 앞 벽에 맞아 튕겨 나갈 것이다. 하지만 고글을 쓴 당신 눈엔 그게 골대 안으로 날아 들어가 그물을 흔드는 공의 모습으로 보이게 만드는 것이다.

혼합현실이란 여기에서 한 단계 더 나아가, 현실세계와 가상세계 정보를 결합해 두 세계를 융합시키는 공간을 만들어내는 기술이다. 증강현실(AR)과 가상현실(VR)의 장점을 따온 기술인 혼합현실(MR)은 현실세계와 가상 정보를 결합한 게 특징이다. 혼합현실 기술 연구개발 동향 및 전망 보고서에 따르면, 혼합현실(MR)은 실제 환경의 객체에 가상으로 생성한 정보, 예를 들어 컴퓨터 그래픽 정보나 소리 정보, 햅틱 정보, 냄새 정보 등을 실시간으로 혼합해 사용자와 상호작용 하는 기술이다. 정보의 사용성과 효용성을 극대화한 차세대 정보처리 기술로 손꼽히고 있다.

---

2) '첨단'과 '상상' 입은 기술, 혼합현실(MR)을 아세요?, 삼성뉴스룸, 2017.06.21

4) 확장현실[3][4][5]

확장현실(eXtended Reality;XR)이란, 가상현실(Virtual Reality)과 증강현실(Augmented Reality)을 아우르는 혼합현실(Mixed Reality), 또는 혼합현실을 가능하게 하는 기술을 총망라 하는 용어로, 3차원 공간에서의 상호작용·경험을 가능하게 하여 비대면 서비스에서의 현실적인 몰입도를 증대시킬 수 있는 기술로 주목받고 있다.

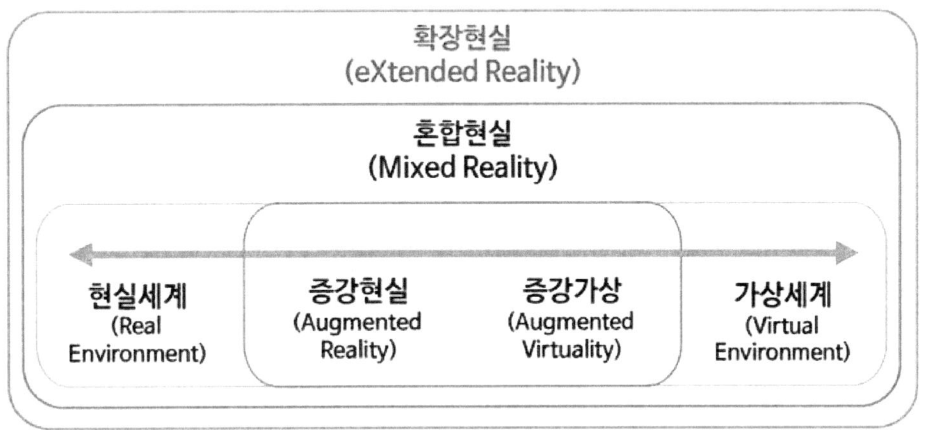

[그림 4] 확장현실

구분	기술 정의
가상현실	현실을 완전히 새로운 3D 디지털 환경으로 대체하는 기술
증강현실	사용자가 눈으로 보는 현실 세계 위에 디지털 콘텐츠(가상 이미지)를 겹쳐 보여주는 기술
혼합현실	실시간으로 실제 환경과 상호작용하는 가상의 디지털 콘텐츠를 구현하는 기술
확장현실	가상현실, 증강·혼합현실의 기능을 자유롭게 전환, 선택할 수 있는 기술

[표 1] 확장현실 기술 정의

---

3) XR(확장현실) 시대의 도래, 이슈브리프, 2021.05.10
4) XR 기술과 메타버스 플랫폼 현황, 2021
5) XR(VR, AR·MR)용 마이크로 디스플레이 기술동향, 한국디스플레이산업협회

5) 홀로그램[6]

홀로그램(Hologram)은 '전체 이미지(whole image)'라는 의미의 그리스어에서 유래했으며, 회절성 광학 변화 장치(diffractive optically variable devices) 기술의 일종이다. 홀로그램은 1947년 영국 물리학자 데니스 가보르(Dennis Gabor)에 의해 처음 개발되었으며, 실제 이용은 1983년 마스터카드에서 위조 방지를 위해 사용하면서 산업적으로 활용되기 시작했다.

홀로그램은 홀로그래피로 촬영된 결과물을 말하는데, 홀로그래피는 두 개의 레이저 광이 서로 만나서 일으키는 빛의 간섭 현상을 이용하여 입체 정보를 기록하고 재생하는 기술로, 단면 위에서의 2D 표현뿐만 아니라 3D, Stereogram, Dot matrix 등으로 표현 범위가 확대되어 왔다.

홀로그램은 레이저에서 나온 하나의 광선이 분리기를 통해 두개의 광선(물체광과 참조광)으로 나뉘어 이 중 첫 번째 레이저 광선(물체광)은 물체를 비친 후 필름에 반사되고, 두 번째 레이저 광선(참조광)은 은염(silver haliad)이라는 사진 필름에 그대로 쏘이면서 획득될 수 있으며 이렇게 필름위에 두 개의 빛이 만나 기록이 되면 서로 다른 경로를 거치기 때문에 위상차가 생기고 이 위상차는 빛이 굴절되어 보이는 효과를 만든다. 이러한 방식으로 기록된 홀로그램을 재생할 때는 홀로그램에 참조광을 비추어 공간상에 3D 입체영상을 재현하게 된다.

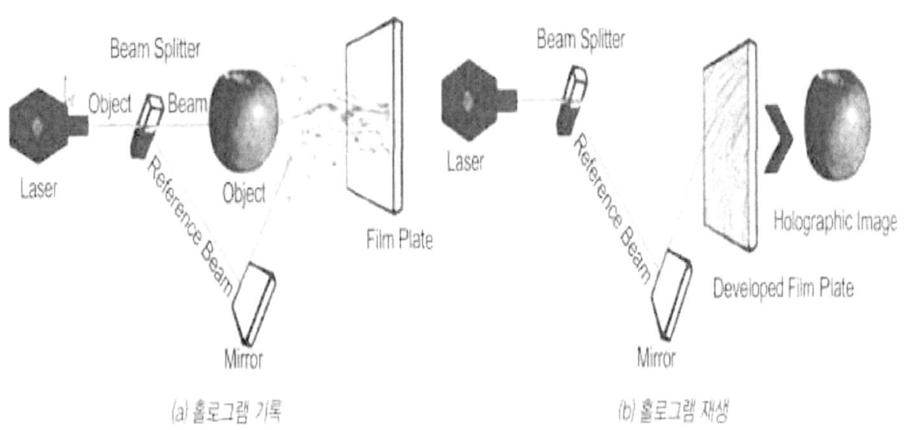

[그림 5] 홀로그램 기록과 재현 원리

홀로그램은 크게 아날로그와 디지털 방식으로 구분되며, 초다시점 입체영상 등 홀로그램 영상 효과를 모방하는 유사 방식이 있다.

① 아날로그 홀로그램

아날로그 홀로그램은 사진촬영을 응용하여 광원으로 레이저를 사용하여 반사되는 빛의 간섭무늬를 특수 필름에 기록하고 기록된 간섭무늬를 일반광으로 비출 때 3차원 영상으로 보여지게 하는 방식이다.

---

6) 홀로그램의 원리와 시장 동향, KISTEP Issue Paper, 2019

② 유사 홀로그램

 유사 홀로그램은 플로팅(Floating) 홀로그램이라고도 불리며, 디지털 영상합성 기술을 통해 투명한 막 뒤에 이미지가 생성되게 투사하여 실제 사람이나 물체가 이미지를 자유롭게 통과하거나 옆에 있는 것과 같은 착시를 일으켜 특정 피사체가 허공에 떠 있는 것 같은 느낌을 주는 방식이다.

③ 디지털 홀로그램

 디지털 홀로그램은 필름에 두 빛의 간섭패턴을 기록하는 아날로그 홀로그램과는 달리, 전자기기 및 광전자기기를 이용하여 홀로그래피를 구현하고, 광 정보처리를 통해 홀로그래픽 데이터를 처리한다. 디지털 홀로그램은 CGH(Computer Generated Hologram) 기술을 통해서 홀로그램을 획득하고, 여기에 신호처리 기술을 거친 후, 공간광변조기(SLM, Spatial Light Modulator)을 통해서 공간에 3D 객체로 재생하여 구현한다.

구분	아날로그 홀로그램	유사 홀로그램	디지털 홀로그램
내용	특수 필름을 사용하여 실물을 입체 영상으로 구현	반투과형 스크린 투영 영상, 초다시점 입체 영상으로 홀로그램 효과 구현	사물로부터 반사된 빛을 디지털화된 기록 및 재현을 통해 현실감을 제공
사례	홀로그램 사진, 전시 등	공연, 홍보, 원격회의 등	HMD, HUD, H모바일, H게임 등
핵심 기술	홀로그램 필름, 광원 및 광학 소자 기술	초다시점 콘텐츠 획득·생성·전송·재현 기술	디지털 홀로그램 획득·생성·전송·재현 기술

[표 2] 홀로그램의 종류

6) 오감 미디어

 오감형 미디어 콘텐츠란 사용자의 오감을 충족해줌으로써 콘텐츠의 정보 전달성과 정보 실재감을 최대화시킨 멀티 콘텐츠이다. 오감형 미디어 콘텐츠는 사용자한테 현실에서 경험할 수 있는 수준의 감각자극을 제공하기 때문에 다른 미디어 콘텐츠에서 표현할 수 없는 사실감 나는 표현이 가능한 실감형 콘텐츠이다.

 현실과 동일한 오감의 자극을 제공하는 것도 가능하지만, 전달하려는 정보의 특징에 맞게 특정 감각을 강조 또는 축소함으로써 사용자에게 조금 더 효과적이며, 직관적으로 정보를 보여줄 수 있는 가변형 감각 콘텐츠라고 할 수 있다. 또한 자극을 주는 것에 있어서 사용자의 국부적 부위(귀, 눈, 손 등)만을 대상으로 삼는 것이 아니라 사용자의 신체 전체의 자극 수용기관을 충족해줄 수도 있는 광범위한 자극 콘텐츠이다. 이 외에도 오감 미디어는 소형 무선 입·출력 장치를 의복 형태로 착용하거나 몸에 부착하여 공간이나 시간의 제약 없이 콘텐츠를 이용이 가능한 유비쿼터스 콘텐츠라고 할 수도 있다.

 3D 사운드, 3D 디스플레이, 생체신호 인터페이스, 햅틱 장치, 미각/후각 디스플레이 등과 같은 다양한 감각의 인터페이스 기술을 활용한 인간의 감각 기관에 대한 자극의 만족도 향상 기술과 상호작용 향상 기술, 유비쿼터스 컴퓨팅 기술이 융·복합된 기술 집약적 콘텐츠로 볼 수 있다.

다. 실감경제의 출범
1) 실감경제란?

실감경제(Immersive Economy)란 용어는 2018년 영국 이노베이트 UK가 제시하면서 통용되기 시작했다. 주요 국가는 2000년대 초반부터 가상현실(VR)과 증강현실(VR)을 주목하고 다양한 분야에 실감기술을 접목하기 위해 노력해 왔다. 실감경제 태동이 어제오늘 일은 아니다.

실감경제가 2~3년사이 더욱 주목을 받게 된 것은 관련 기술 진화와 5세대(5G) 이동통신 등 기반 인프라가 확보됐기 때문이다. 4차 산업혁명에 대한 정의 중 하나가 '가상과 현살의 경계가 허물어지는 시대'일 정도로 실감경제에 대한 관심도 커졌다. 실감경제를 도입하기 위한 각국 움직임도 빨라지고 있다. 관련 기술과 서비스 시장을 선점하고 혁신을 이끌어 나가기 위해 국가 차원의 정책이 필요한 시점이다. 과학기술정보통신부가 실감경제 정책을 수립하는 것도 이 때문이다.

[그림 6] 2018 영국 이노베이트 UK

실감경제는 VR과 AR등 실감기술로 사회, 경제, 문화가치를 창출하는 것을 의미한다. 경험경제를 시간과 공간 측면에서 확장시킨 개념이다. 경험경제는 소비자가 느꼈던 좋은 경험에 맞춰 제품과 서비스를 개발하고 공급하는 경제 개념이다. 우리가 살아가는 물리적 세계에서의 경험이므로 공간과 시간에 제약이 따를 수밖에 없다.

실감기술을 활용하면 이 같은 경험 영역을 확장할 수 있다. VR과 AR 등 실감기술로 시간과 공간에 구애받지 않고 이용자에게 더 많은 경험을 제공할 수 있다. 언제 어디서나 마치 현장에서 서비스를 받고 제품을 체험하는 것과 같은 효과를 제공하기 때문에 경험 가치가 더욱 커진다.

실감기술이 여러 산업에 영향을 미쳐 혁신을 유발하는 범용기술이라는 점에서 실감경제에 거는 기대도 크다. AR, VR 등은 전기나 인터넷처럼 어느 산업에서나 적용을 통해 사회·경제적 파급효과를 불러올 수 있다.

실감경제 구현 사례도 늘어난다. 지난해 소프트웨어 정책연구소(SPRI)가 펴낸 '실감경제의 부상과 파급효과' 보고서에 따르면 BMW 뮌헨공장에서 태블릿PC에 앱을 적용해 각종 부품 검사를 실행한다. 일일이 눈으로 살펴보던 작업이었지만 불과 몇 초 만에 부품 정상 여부 판독이 가능해졌다.

미국의 한 신용조합은 고객이 가상환경에서 계좌 개설 등 다양한 금융상품을 둘러보며 고객과 실시간 채팅을 할 수 있는 '버추얼 월드'를 구현했다.

03

실감콘텐츠 기술 동향

3. 실감콘텐츠 기술 동향

실감콘텐츠 기술은 세부적으로 가상현실(Virtual Reality), 증강현실(Augmented Reality), 혼합현실(Mixed Reality)등으로도 구분이 가능하며 공통적인 핵심 기술로서의 구분도 가능하다. 이와 같은 분류들은 정부기관 및 산업 분야에서 일반적으로 활용하고 있으며, ICT 생태계 측면에서 C(Contents)-P(Platform)-N(Network)-D(Device) 가치사슬을 통한 기술 분류체계 또한 가능하다.

기술 분야	정의	동향
가상 현실	현실과는 상반되는 100% 가상현실의 공간만 보여지는 것을 의미하며 실제와 같은 가상공간을 통해 몰입감을 극대화시킬 수 있음	가상현실은 현실과 유사한 가상세계를 제공하되 현실세계와는 완전히 차단되면서 외부 영향을 받지 않게 함. 이러한 경험을 통해 트라우마를 비롯하여 다양한 증상을 극복하고 완화시키는 디지털치료제로서 각광받고 있으며 기능성을 갖춘 콘텐츠로서 확장되고 있음
증강 현실	증강현실의 현실은 가상현실과 다르게 실제의 현실을 의미하며 투영된 현실 위에 부가정보가 겹쳐져 제공되는 형태를 의미함	2017년 출시된 포켓몬 GO의 공전의 히트 이후에 킬러 콘텐츠 부재로 어려움을 겪고 있지만 VR에 비해 대중화된 디바이스인 핸드폰이나 태블릿을 사용할 수 있다는 이점과 비교적 콘텐츠 제작이 용이한 이점으로 대중화에 있어서 VR에 비해 앞서가고 있음. 현재는 산업현장을 비롯하여 회의, 교육, 의료, 쇼핑 분야 등에서 폭 넓게 활용중이며 조만간 가상현실 규모를 능가할 것으로 예측됨
혼합 현실	혼합현실에서 현실은 실제현실과 가상현실 모두를 의미함. AR이 현실에 부가정보를 보여주는 것이라면, MR은 현실공간에 가상의 물체를 배치하거나 현실의 물체를 인식하여 그 주변에 가상의 공간을 구성하는 것	MR은 VR, AR 콘텐츠와 기술의 특성을 모두 보여주고 있지만 VR·AR에 비해 콘텐츠적으로 정확하게 의미나 기술을 대표할 사례를 찾기가 쉽지는 않고 대부분 AR과 많이 혼용해서 사용하는 편이었음. 이후 마이크로소프트사의 홀로렌즈가 출시되면서 관련 기술과 콘텐츠 제작에도 활기를 띄기 시작하였음

[표 3] 가상현실, 증강현실, 혼합현실 기술

가상현실 기술의 특성은 실제환경과 가상환경을 완벽하게 차단한 상태를 유지하여 몰입 환경을 제공하는 것과 가상환경을 실제와 같이 고품질로 생성하는 측면에 있으며, 증강현실 기술은 실제 환경에 가상의 캐릭터나 객체를 정합시켜야 하는 문제로 위치기반의 트래킹 및 합성 측면에 기술적 특성이 있다. 혼합현실은 가상현실과 증강현실 기술 등이 혼합된 결과물로서, 증강현실처럼 실제환경과 가상 객체들의 위치적인 정합 측면뿐만 아니라 시각적인 정합측면을 고려하여 실재감과 몰입감을 높일 수 있는 기술적 특성을 갖고 있다.

기술 분야	정의	동향
디스플레이	HMD나 핸드폰 화면과 같이 VR·AR 콘텐츠에 있어서 사용자가 시각적으로 몰입할 수 있는 경험을 제공하는 기술	사용자의 몰입감을 높이기 위한 디스플레이의 핵심 기술 요인으로 시야각, 해상도, 재생빈도 등이 있음
트래킹	콘텐츠에서 사용자의 동작과 같은 생체 데이터를 실시간으로 추적하는 기술	VR·AR분야에서 연구 개발된 트래킹 기술은 대부분 센서, 비전, 또는 이 둘을 융합한 하이브리드 추적 기술로 구성됨
렌더링	고화질의 3D콘텐츠를 구현하고 사실적인 처리를 위한 컴퓨터그래픽 소프트웨어 기술	사용자에게 VR·AR 콘텐츠를 실시간으로 제공하기 위한 기술로서 지연시간을 20ms 이하로 단축시키기 위한 연구 개발이 진행
인터랙션, 사용자 인터페이스	컴퓨터와의 원활한 상호작용을 통해 콘텐츠를 인지, 조작, 그리고 정보 입력 등을 가능하게 하는 기술	키보드나 마우스와 같은 간접입력 장치를 사용하지 않고 음성이나 동작 등 자연스러운 사용자 조작환경인 NUI/X(Natural user Interface/Experience) 기술이 대두되고 있으며 직접적으로 사용자가 접하는 기술이므로 오감기술 등과 연계하여 실감콘텐츠 이용에 최적화된 UI 개발이 활발하게 진행되고 있음

[표 4] 가상현실, 증강현실, 혼합현실 기술

 가상현실, 증강현실, 혼합현실의 공통적인 실감콘텐츠 기술은 크게 디스플레이, 트래킹, 렌더링, 인터랙션 및 사용자 인터페이스로 구분할 수 있다. 디스플레이는 실제로 콘텐츠가 구현되는 HMD, AR글래스, 핸드폰, 태블릿 등에서 가상현실·증강현실 콘텐츠에 사용자가 시각적으로 몰입할 수 있는 경험을 제공하는 기술이며, 트래킹은 콘텐츠에서 사용자의 생체 데이터를 실시간으로 추적하는 기술로서 일반적으로는 모션 트래킹으로 많이 알려져 있다.

 렌더링은 고화질의 3D 콘텐츠를 위해 사실적인 처리 과정을 구현하기 위한 컴퓨터그래픽 소프트웨어 기술이며, 인터랙션 및 사용자 인터페이스는 컴퓨터와의 원활한 커뮤니케이션을 통해 콘텐츠를 인지, 조작, 그리고 정보 입력 등이 가능하게 하는 기술이다. 이외에도 콘텐츠 제작에 있어서 다수의 카메라를 통해 동영상을 캡처하여 360° 모든 방향에서 콘텐츠 구현이 가능한 볼륨메트릭 캡처(Volumetric Capture) 기술과 자연스러운 현실세계 의 빛 재현이 가능한 플렌옵틱(Plenoptic) 영상처리 기술 등이 있다. 이는 고품질의 실감콘텐츠를 신속하게 제작할 수 있는 환경이 마련되었다는 측면에서 실감콘텐츠의 대중화에 한 층 더 다가갈 수 있는 의미를 가지고 있다고 할 수 있다. 실감콘텐츠의 특성을 잘 나타낼 수 있는 오감기술은 시각, 청각, 촉각과 같은 인간의 다양한 감각기관을 활용하여 정보를 전달하고 느낌을 재현하는 기술을 의미하는데 촉각을 재현하는 기술은 의료와 같이 섬세한 작업을 요하는 현장이나 교육, 엔터테인먼트 분야와 같이 흥미와 함께 사실적인 정보전달을 필요로 하는 상황 등에 폭 넓게 활용할 수 있으며, 지금과 같은 언택트 시대에 가상환경에서의 실재감과 몰입감을 극대화시키는 매우 중요한 기술로 부각되고 있다.

현재 실감 미디어의 주류적 흐름에 있는 VR, AR, MR과 이를 포괄하는 XR기술은 HMD나 Glass 타입의 Head set 등의 부가적 기기를 필요로 한다. 이러한 측면에서 홀로그램 디스플레이는 여타 기기들 없이 완전시차정보 제공을 목표로 하므로 사용자에게 보다 효율적이다. 그러나 홀로그램 또한 완전한 입체정보를 제공하기 위한 해상도, 시야각 및 연산처리 등의 측면에서 제약이 있는 것이 현실이다. 현재까지 대중적 만족도를 완전히 충족할 수 있는 홀로그램 디스플레이는 개발되지 않았으나 이를 가능하게 하는 가시화 연구가 활발히 진행중이다.

고수준의 실감 콘텐츠에 대한 요구 증가에 따라 최근의 공연과 전시에서 홀로그램이 이용되고 있다. 하지만 이는 진정한 의미의 홀로그램이 아닌, 홀로그램과 유사한 효과를 낼 수 있는 플로팅 홀로그램 기술이 주를 이루고 있다. 최초의 플로팅 홀로그램 기술에 대한 활용은 1862년에 영국의 헨리 더크가 고안한 '페퍼의 고스트'이며 이는 연극무대에서 하프 미러에 영상을 반사시켜 만든 유령에서 따온 이름이다. 이를 반사형 홀로그램 혹은 플로팅 홀로그램이라 하며 말그대로 무대 위에 설치된 빔 프로젝터가 무대 바닥에 설치된 스크린, 즉 반사판에 영상을 투사하면 반사된 영상이 무대 위에 45도의 기울기로 설치된 투명 포일에 투영되어 마치 허공에 떠 있는것과 같은 홀로그램 영상이 나타난다. 이러한 방식은 정면 무대 전체를 홀로그램 연출공간으로 활용할 수 있고 크기 표현에 비교적 자유로우며 실제 공연자가 재생되는 홀로그램 영상과의 상호작용을 하는 연출이 가능하다. 하지만 투명 포일을 45도의 각도로 설치해야하므로 연출하고자 하는 공간의 높이와 같은 넓이의 바닥공간을 필요로 한다. 이에 따라 설비규모가 커지고 설치가 까다롭게 되므로 경제적 측면에서의 단점을 가진다. 또한 굴절된 빔 프로젝터의 광원을 반사/투과하기 위한 투명 포일에 의해 광량의 손실이 필연적으로 발생된다.

이와 비슷한 원리로써 일정 크기의 하프 미러를 45도의 각도로 피라미드 모양으로 설치한 후, 상부에 광원으로의 패널을 두면 270도 혹은 360도에서 관람가능한 피라미드 형 플로팅 홀로그램 영상을 만들 수 있다. 이러한 기술은 리얼 홀로그램이 아닌 고해상도의 영상을 2차원의 대형 스크린에 투사하여 실재감과 입체감을 유도하는 방식이지만 눈의 피로감 없이 장시간 관람이 가능하고 고도의 영상 디자인을 통한 감각적, 감성적 연출 표현 방식으로 선택가능하다는 장점을 가진다.

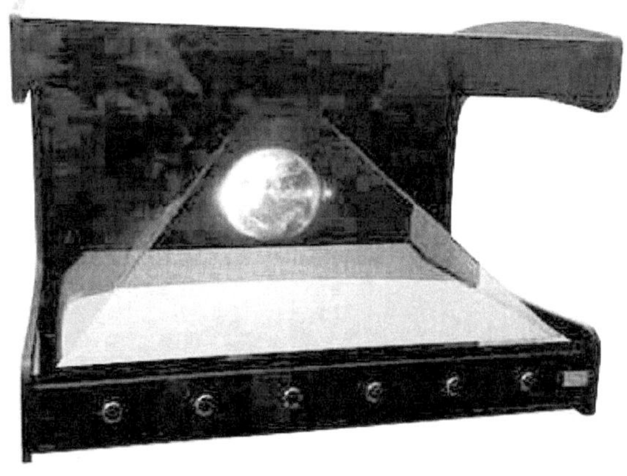

[그림 7] 피라미드형 플로팅 홀로그램

또한 투명포일과 빔 프로젝터의 기술적 발달에 의해 재생되는 홀로그램 영상의 품질도 크게
향상되었다. 또한 빠르게 회전하는 팬에 시분할 동기화를 적용하여 3차원 정보를 재생하는 홀
로그램 LED팬과 라이트 필드 기반의 'Looking Glass'가 제품화 되었으며 이는 사용자에게
입체감을 전달할 수 있는 또 다른 방법들이다.[7]

[그림 8] 라이트 필드 기반 Looking Glass 8K

---

7) 홀로그램 실감 콘텐츠의 동향, 정보처리학회지 제 28 권 제 1 호(2021. 3)

가. 가상현실

1) 원리

가상현실은 세부적으로 기술의 난이도, 성숙도, 시스템의 설치 및 운영방식, 몰입 등에 따라 몇 가지 유형으로 구분할 수 있다. 기술적 난이도는 낮고 기존의 컴퓨터 학습과 유사한 개념으로 데스크탑형 가상현실이라고도 불리는 비몰입형, 증가형이 있으며 기술적 난도는 높지 않지만 프로젝터를 활용한 투사형, 원격조작형, 증강형이 있으며 기술적 난이도가 높고 성숙도가 낮은 몰입형 가상현실이 있다.

그렇다면 사람은 어떻게 가상현실을 체감할 수 있게 되는 것일까? 가상현실은 단순히 이용자들에게 시야를 가득 매우는 화면을 보여 주기만 해서는 구현되지 않는다. 기본적으로 가상현실을 이용자들이 체감할 수 있도록 만들기 위해서는 이용자의 동작에 반응하고 상호 작용을 기본 요소로 한다. 즉, 같은 콘텐츠를 즐기더라도 어느 곳을 이용자가 보고 있느냐에 따라 화면을 보여주고, 다른 결과를 안겨 줘야 하는 것이다.

이를 위해서 이용자에게 보여주는 화면은 기존의 카메라처럼 한 곳만을 바라보고 촬영되어서는 안 된다. 이곳저곳 방향을 바꾸고 시선을 옮김에 따라 펼쳐지는 화면은 달라야 하므로 가상현실을 위한 가상 콘텐츠는 3D로 만들어진 인물과 공간이, 촬영영상은 전방위를 촬영할 수 있는 새로운 장비 '360도 카메라'가 필요하다. 또한 360도 카메라로 촬영한 영상을 표시할 디스플레이, 여기에 이용자의 시선이 어디를 향하고 있는지 계측하고 이 신호를 송출할 수 있는 조작 장비가 더해지면 가상현실을 위한 최소한의 필요 요소는 모두 마련된다.

사람이 이러한 3차원을 보게 되는 과정은 어떠할까? 사람의 눈에서 시각 정보를 받아들이는 망막은 평면이지만 우리는 3차원을 보며 생활하고 있다. 여기에서 우리가 주목해야 할 것은 뇌이다. 사람의 뇌, 특히 후두엽이 3차원을 인식 혹은 지각하도록 돕는다. 뇌는 사람의 두 눈을 통해 들어온 시각정보를 통합하여 재구성한다. 위치가 다른 사람의 두 눈을 통해서 들어온 정보에는 차이가 있다. 우리는 이것을 양안시차(Binocular disparity)라고 말한다. 이렇게 수집된 이미지는 각각의 시신경을 거쳐 뇌로 전달되고 뇌는 이 정보를 통합하여 입체로 인식하게 된다. 이처럼 사람이 현실세계를 3차원으로 인식하는 것은 사실 2차원의 이미지가 뇌를 통해 3차원으로 인식되는 것처럼, 가상현실도 2차원 디스플레이 장치에서 보내진 정보를 뇌를 통해 3차원으로 인식되는 것이다.

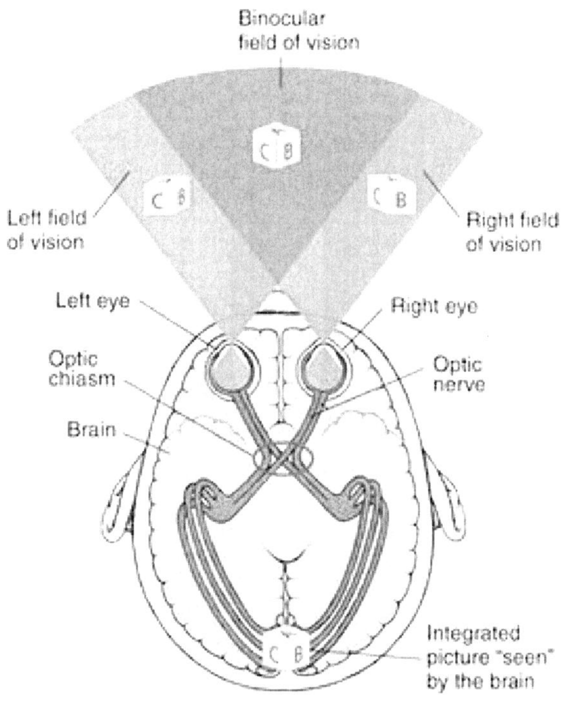

[그림 9] 뇌가 3차원을 인식하는 방식

가상현실에 대해 접하다보면 HMD(Head Mounted Display)를 자주 접할 수 있다. HMD는 이름 그대로 머리에 착용하는 디스플레이로, 주로 가상현실, 증강현실의 구현을 위해 사용된다. 가상현실 HMD에는 렌즈가 사용되고 있다. 지금부터 HMD에 왜 렌즈가 사용되는지, 그리고 그 렌즈가 어떻게 작동하는지 살펴보도록 하자.

다음 이미지는 일반적인 사물을 바라볼 때의 현상을 보여주고 있다. 일반적으로 사람이 사물을 바라볼 때 사물의 상은 동공과 수정체를 거쳐 망막에 맺히게 된다.

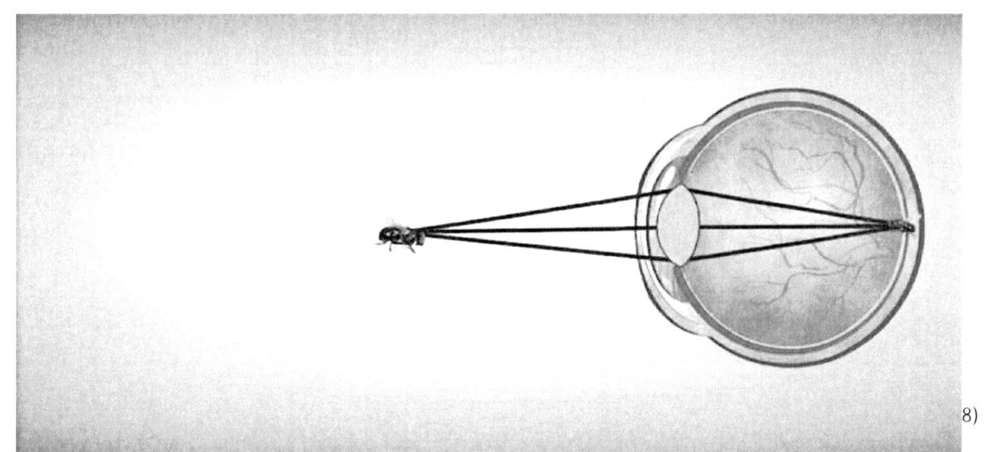

그림 10 일반적인 사물을 바라볼 때의 현상

하지만 가상현실 HMD의 경우 사람의 눈 앞 3 ~7cm 이내에 디스플레이 장치가 놓이게 된다. 하지만 이처럼 대상 이미지가 사람의 눈에 너무 근접하게 되면 망에 초점이 정확히 맺히지 않는다.

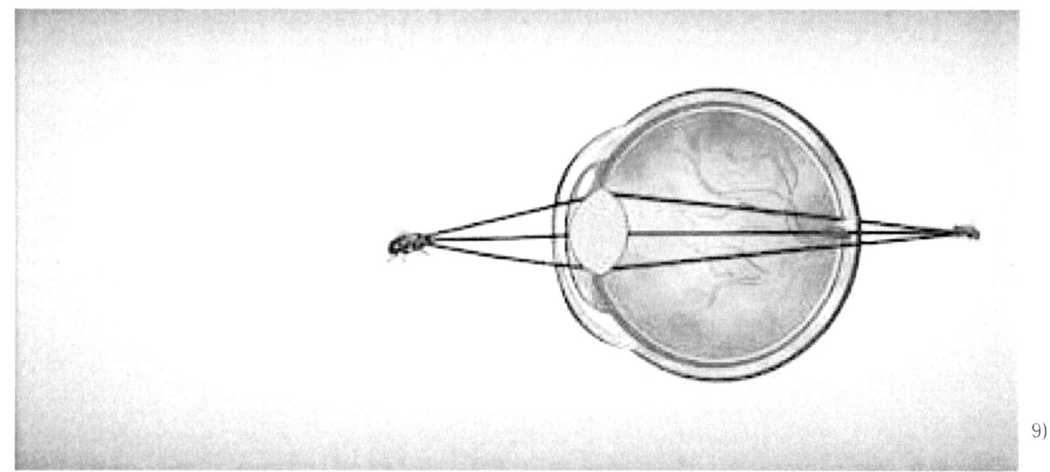
그림 11 사물이 너무 가까울 때

따라서 위의 그림과 같은 잘못된 초점을 보정하기 위해 HMD는 렌즈를 사용한다. 이때 사용되는 렌즈는 근접한 거리의 대상이 아래의 이미지처럼 망막에 맺도록 보정해 주는 기능을 한다.

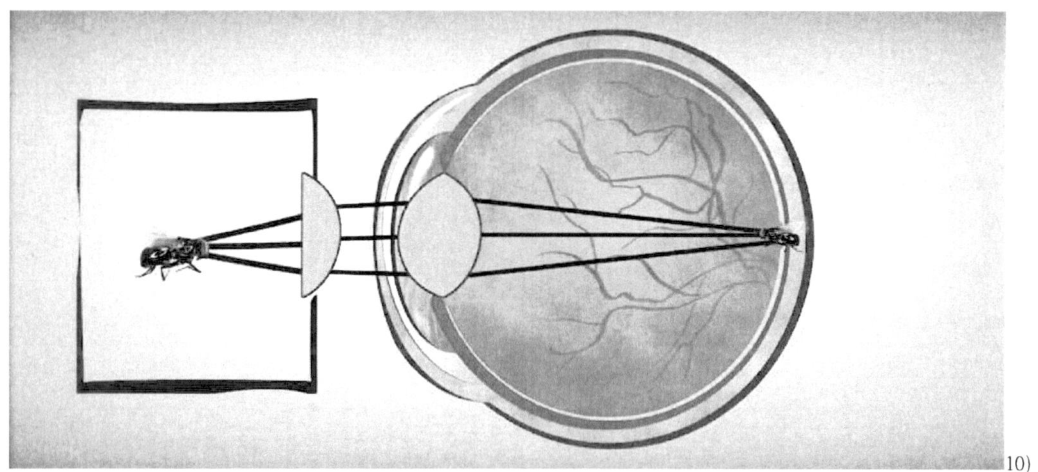
그림 12 HMD 렌즈를 사용하는 경우

---

8) 3D 가상현실을 보는 원리, http://truemind1.blogspot.kr/
9) 3D 가상현실을 보는 원리, http://truemind1.blogspot.kr/
10) 3D 가상현실을 보는 원리, http://truemind1.blogspot.kr/

하지만 HMD에서는 근접한 거리의 대상이 망막에 맺히도록 하는 것 외에도 바로 눈앞의 디스플레이 장치의 대상이 조금 먼 시야의 공간에 있는 것처럼 보이게 할 필요가 있다. 이를 위해서는 렌즈의 굴곡을 변화시켜야 한다.

렌즈의 굴곡을 변화시키면 아래의 그림처럼 눈앞의 HMD 안에 사물이 있는 것이 아니라 HMD 밖의 공간에 있는 것처럼 가상현실 내의 사물을 보이게 할 수 있다. 하지만 이때 일반적인 1개의 볼록렌즈로 이를 해결 하다면 렌즈의 크기와 무게가 커지는 문제가 발생한다.

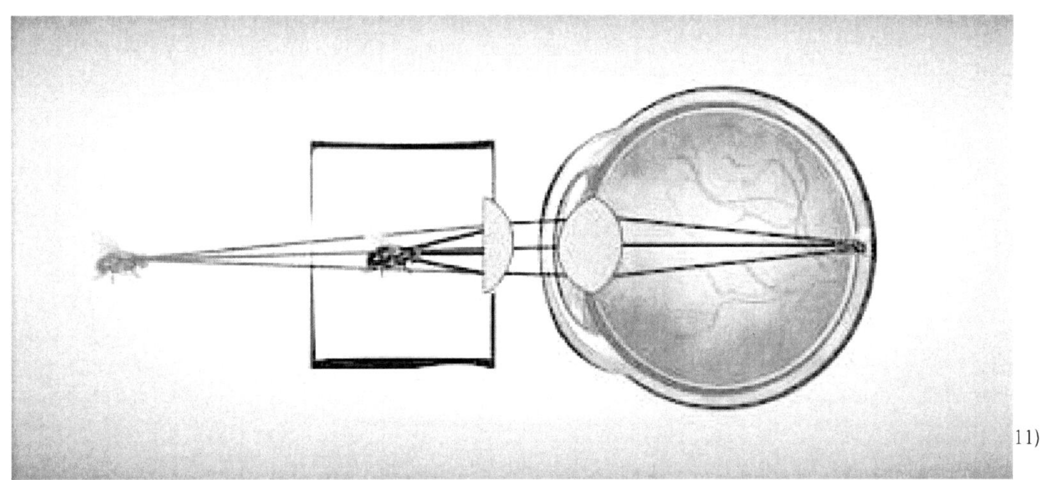

그림 13 1개의 볼록렌즈만을 사용하는 경우

이 문제를 해결하기 위한 방법으로 프레넬이라는 사람이 개발한 프레넬 렌즈[12]가 있다.

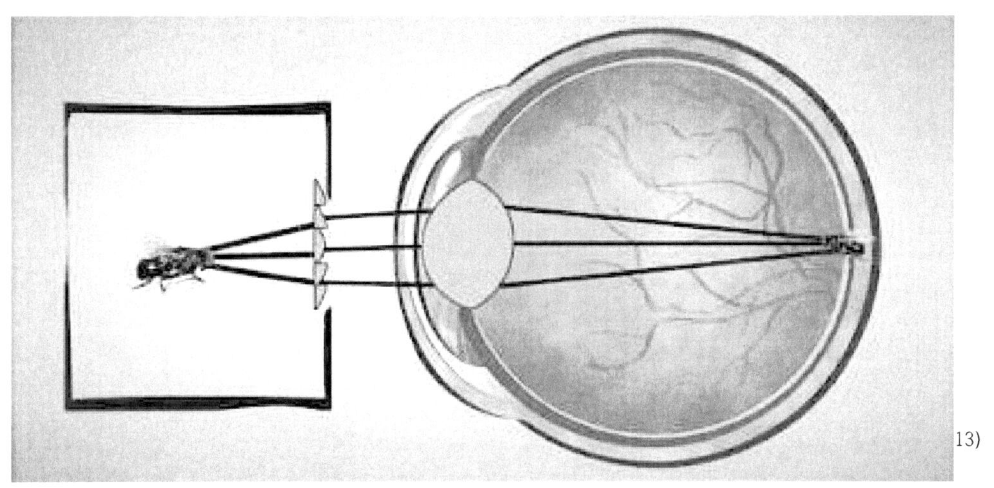

그림 14 프레넬 렌즈를 사용하는 경우

11) 3D 가상현실을 보는 원리, http://truemind1.blogspot.kr/
12) 렌즈의 두께를 줄이기 위해서 수개 또는 여러개의 동그라미띠 모양의 렌즈로 분할한 렌즈. 렌즈의 두께를 크게하지 않고 구경이 큰 렌즈를 만들 수 있다. (출처 : 네이버 지식백과)

프레넬 렌즈는 아래의 그림과 같은 원리로 빛이 특정 초점에 보이도록 한다.

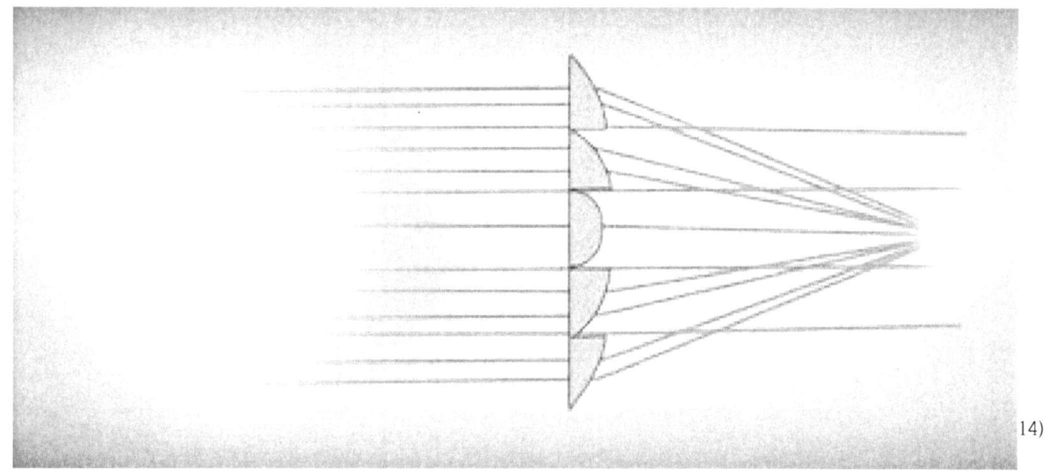

그림 15 프레넬 렌즈의 원리

13) 3D 가상현실을 보는 원리, http://truemind1.blogspot.kr/
14) 3D 가상현실을 보는 원리, http://truemind1.blogspot.kr/

2) 주요 기술

 가상현실 기술의 실제적 분류를 위한 뚜렷한 글로벌 스탠다드는 존재 하지 않는다. 이는 관련 기술의 상대적으로 짧은 역사에 기인한다. 우선 가상현실과 관련해 한국과학기술평가원이 주장하는 통합 기술분류 체계에 기반해 본다면 크게 1) 디스플레이 기술, 2) 트랙킹 기술, 3) 랜더링 기술, 4)인터랙션 및 유저 인터페이스(UI) 기술로 구분해 볼 수 있다.

구분	내용
디스플레이 기술	몰입 콘텐츠를 사용자가 감각적으로 경험할 수 있도록 제공하는 표시장치 기술
트랙킹 기술	몰입 콘텐츠에서 사용자의 생체데이터(움직임)를 실시간으로 추적하는 기술
랜더링 기술	몰입 콘텐츠를 고해상도/고화질로 구현하는데 필요한 HW 및 SW 기술
인터랙션 및 UI 기술	몰입 콘텐츠를 지각, 인지, 조작, 입력할 수 있도록 돕는 상호작용 기술

[표 5] VR 통합 기술분류 체계

가) 디스플레이 기술[15]

 가상현실 기술을 구현하는 물리적 기반은 하드웨어로, 하드웨어는 크게 소비자가 착용하는 헤드셋 형태의 HMD, 컴퓨터(PC), 게임 콘솔, 모바일을 포함하는 호스트 시스템, 사용자/사물의 움직임을 추적하는 트랙킹 시스템, 신체의 움직임 등 외부 정보를 입력하는 컨트롤러 시스템 부문으로 분류 할 수 있다. 가상현실 부문에서 상대적으로 중요도가 높은 하드웨어 기기는 HMD다. HMD 성능은 사용자 경험의 완성도 및 가상현실 산업 대중화를 결정짓는 요소로, 호스트 시스템 형태에 따라 스마트폰 용, PC 용, 콘솔 용 그리고 독립형(Standalone)으로 구분된다.

 스마트폰 용 HMD는 별도 디스플레이가 필요없다는 장점과 함께 상대적으로 낮은 가격을 특징으로 대중화 초기 국면에서 친숙도를 높이는데 기여했지만 제한적인 성능으로 인한 한계가 뚜렷하다. 따라서 주요하게 논의되어야 할 HMD는 PC용, 콘솔용과 독립형 제품이라 볼 수 있다. 해상도 향상은 HMD 제조사의 제품 개선 방향 중 하나다. 제조사들은 현실세계에서 사람 눈을 통해 인지하는 수준을 하나의 기준점으로 삼고 있다.

 HMD용 디스플레이는 일반 디스플레이 대비 화면 상 픽셀이 도드라진다. 따라서 사용자가 이를 인지하지 못하는 해상도 수준 달성을 위해서는 8K OLED가 필요하다.

---

15) 가상/증강현실 디바이스 기술 동향, TTA JOURNAL, 2019.09

HMD 디스플레이는 기존 디스플레이 패널 제품을 바로 차용하지 못하고 별도 라인을 필요로 한다. 하지만 기기 판매 부진에 따라 대량생산 체제를 구축하지 못한 결과 높은 생산성을 확보하지 못하였다. 따라서 아직 많은 제품이 LCD를 차용 중이다.

호스트 시스템은 사용자가 가상현실 콘텐츠에 접속할 수 있게 도와주는 플랫폼으로 PC 뿐 아니라 콘솔 게임 기기, 모바일도 여기에 포함된다. 호스트 시스템은 일반적으로 고사양(그래픽카드, 메모리, 프로세서 등)을 요구하기 때문에 일정 수준 이상의 호스트 시스템을 갖추기 위한 비용 부담이 존재한다.

트랙킹 및 컨트롤러 시스템은 사용자의 모션을 추적 및 입력하는 기능을 담당한다. 최근 트랙킹 시스템은 기술발전에 따라 다른 하드웨어(HMD 및 호스트 시스템)에 접목되고 있는 추세이다. 해당 부문은 상대적으로 부수적인 느낌이 강하며, 절대적 가격 수준 또한 높지 않다. 오큘러스 Rift에 적용되는 트랙킹 시스템(Oculus Sensor)과 컨트롤러 시스템(Oculus Touch)의 추가 구매 가격은 각각 $59 및 $99 수준이다. 따라서 대중화 측면에서 큰 걸림돌로 작용하지 않는다.

[그림 16] 기술 체계와 하드웨어 간 연결지점 분석을 통해 알아본 HMD의 중요성

나) 인터랙션 장치 기술
(1) 입력장치

가상/증강현실 기반 실감 콘텐츠의 현실감을 높이기 위해서는 직관적인 실시간 인터랙션이 가능해야 하고, 이러한 인터랙션이 가능하기 위해서는 사용자의 손, 발, 시선의 움직임을 추적하고, 이들의 음직임을 입력신호로 처리할 수 있는 입력 장치들이 요구된다.

이러한 입력 장치들은 손의 움직임을 추적하는 핸드 트래커 장치, 가상현실에 적용할 수 있도록 변형된 게임 컨트롤러 장치, 발의 움직임을 추적할 수 있는 트레드밀 장치, 뇌피/시선 등 다른 신체 부분의 움 직임을 추적할 수 있는 장치로 구분할 수 있다.

(2) 다중 감각 출력장치

 다중 감각 출력장치는 영상 정보. 햅틱 모터에 의한 촉각 정보에 추가적으로 후각이나 온도, 습도 등 의 정보를 사용자에게 제공하는 장치이다. 대부분의 다중 감각 장치들은 공통적으로 카트리지를 이용한 냄새를 발산하는 장치를 포함하고 있다. 그러나 제한된 카트리지를 장착하여 작동하기 때문에 한 번에 제한된 수 이상의 냄새를 발산할 수는 없다.

 VAQSO VR은 가상현실 VR HMD에서 표현할 수 없는 냄새를 제공한다. VAQSO VR에는 한 번에 최대 5개까지 냄새 카트리지를 삽입하여 이용할 수 있고, 현재 상용화된 대부분의 HMD의 아래에 벨크로를 이용하여 부착하여 사용한다. VAQSO의 작동 원리는 VAQSO VR에서 제공하는 API가 호출될 때 카트리지의 구멍을 열어 냄새를 방출하는 형태로 이루어진다.

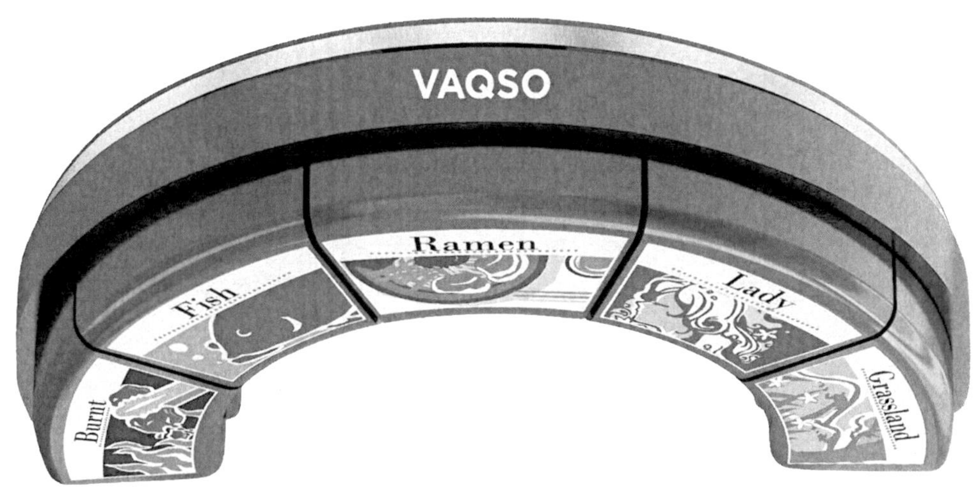

[그림 17] VAQSO

29

나. 증강현실
1) 핵심 기술
가) 디스플레이 기술

증강현실에서 가장 일반적으로 사용되는 디스플레이는 HMD로서 머리에 착용할 수 있는 형태와 Non-HMD라는 머리에 착용할 수 없는 형태로 분류된다. HMD형태의 디스플레이장치는 대부분 증강현실 시스템에서 가장 많이 사용되는 디스플레이장비로 Optical see-through HMD와 Video see-through HMD로 구분된다.

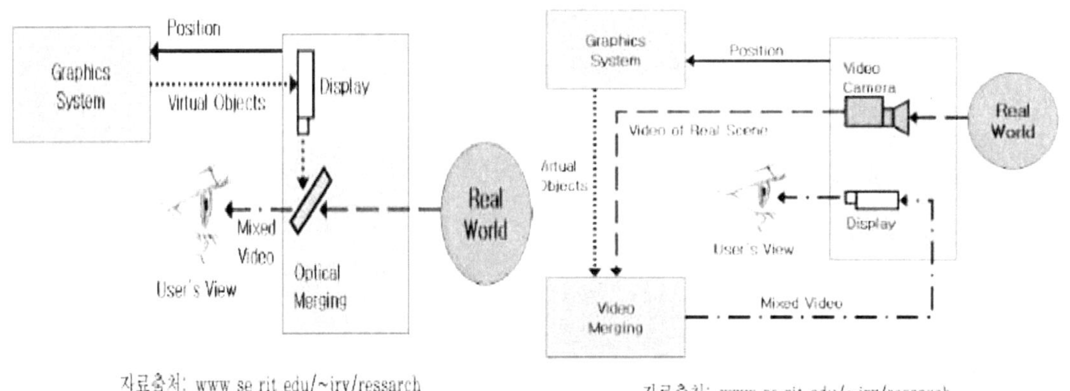

자료출처: www.se.rit.edu/~jrv/ressarch   자료출처: www.se.rit.edu/~jrv/ressarch

[그림 18] Optical see-through HMD   [그림 19] Video see-through HMD

Optical see-through HMD는 위의 그림에서 보는 바와 같이 사용자의 눈앞에 반투과성 광학 합성기(optical combiner)가 부착되어 있으며, 사용자는 광학 합성기를 통해 실세계 환경을 직접 보면서, 광학 합성기로 투사되는 가상 영상을 동시에 볼 수 있다. 그러나 광학 합성기를 통해 보는 실세계 모습은 빛이 100% 투과되지 않아 실제보다 어둡게 보이며, 가상 영상역시 선명하게 볼 수 없다는 단점이 있다. 또한 실세계 환경은 해상도와 관계없이 항상 볼 수있으나, 가상 영상에서는 해상도의 영향을 많이 받는 단점이 있다.

Video see-through HMD는 위의 그림에서 보는 것처럼 실세계 환경에 대한 영상을 획득하기 위하여 HMD에 1개 이상의 카메라가 별도로 설치되어 있다. 그리고 비디오 합성기를 이용하여 카메라로부터 입력되는 실세계 영상과 컴퓨터에서 생성한 가상 영상을 합성하여 HMD에 부착된 LCD와 같은 디스플레이 장치에 보여주게 된다.

나) 마커 인식 기술

마커인식 기술이란 컴퓨터 Vision 기술로 인식하기 용이한 임의의 물체를 의미한다. 주로 검정색 바탕의 특이한 생강이나 문양이 사용되며, 경우에 따라서는 기하학적인 형태나 3차원 객체를 이용하는 경우도 있다. 증강현실은 현실 영상과 가상의 그래픽을 접목하여 보여주기 때문에 이 때 정확한 영상을 얻기 위해서 가상 객체들을 화면에서 원하는 자리에 정확히 위치시켜야 한다.

이 부분을 구현하기 위해서는 가상 객체에 대한 3차원 좌표가 필요하며, 이 좌표는 카메라를 기준으로 하는 좌표 값이 되어야 한다. 따라서 카메라의 영상에서 현실 세계의 어떤 지점이나 물체에 대한 카메라의 3차원 좌표를 확보해야 하는데, 이를 위해서는 2 대 이상의 카메라가 필요하게 된다. 하지만 현실적으로 증강현실 시스템에서 사용하는 카메라의 수는 대부분 한 대를 사용하기 때문에 3차원 위치 파악을 하기가 쉽지 않다. 따라서 이에 대한 대책으로 마커 인식 기술이 사용되고 있다. 대부분의 증강현실 시스템은 주로 마커를 이용해 상대적 좌표를 축출하고 가상 영상을 실제 영상에 합성시킨다.

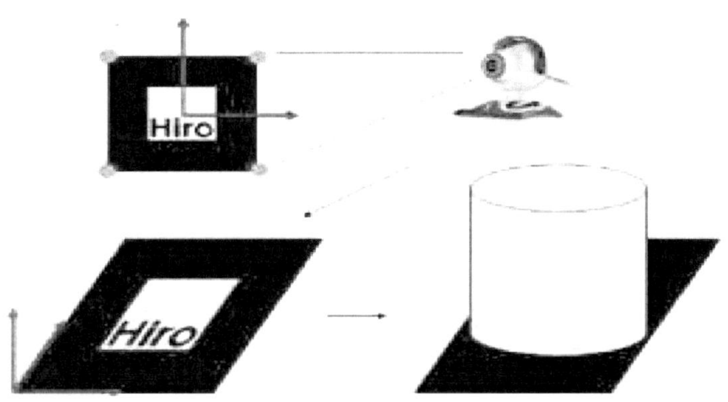

자료출처: 정보통신연구진흥원 ITFIND

[그림 20] 마커 인식 과정

마커 인식 과정은 다음과 같다. 먼저 카메라에 찍힌 화면을 컴퓨터에서 넘겨받은 뒤, 흑백 화면상에서 검은 영역만을 따로 분리해 낸다. 분리해낸 영역 중에서 검은색 사각형이 될 만한 영역을 따로 찾아낸 후, 그 사각형 영역 내부에 있는 패턴을 미리 기록해 놓은 마커의 이미지 패턴과 비교함으로써 둘 사이의 유사성을 찾고, 패턴이 일치하는 것으로 파악되면 그 사각형영역의 네 꼭짓점 정보를 이용해서 마커의 위치를 파악하게 된다.

마커가 정사각형이므로 실제로 3개의 점, 즉 2개의 직각으로 만나는 선이 얻어지므로 나머지 한 선은 쉽게 얻어지며, 이들로 이루어지는 좌표계를 얻을 수 있다. 최종적으로 라이브러리에 서는 이러한 좌표계와 가상공간상의 좌표계 사이의 매트릭스 정보 와, 그 때의 마커의 위치를 제공하게 된다.

그리고 이를 우리가 만든 시스템에서 이용하기 위해서 얻어진 좌표를 가상공간의 좌표계로 변환시킨 뒤, 가상 공간상의 물체의 위치와 실제 물체의 위치를 상대적으로 나타낸 뒤, 카메라를 통해 얻어지는 화면 위에 가상 공간상의 물체를 그려내면 되는 것이다. 이를 통해서 가상 공간상의 물체를 증강 현실상에 존재하는 것처럼 보일 수 있다.

다) 영상 합성기술

 효율적인 증강현실 시스템은 실제와 가상을 합쳐야 하며 실시간으로 사용자와 상호 작용이 이루어져야 한다. 또한 입체적인 3차원 공간에 이질감 없이 부드럽게 정합이 되어야 한다. 실제로 사용자들은 가상물체가 실물처럼 정확하게 움직이지 않는 것보다 시각적인 불일치(또는 어긋남)에 더욱 민감하게 반응한다.

 이런 문제점을 개선하기 위해서는 카메라의 특성을 잘 파악하여 가상의 물체와 실제 환경의 3차원 좌표를 정확히 일치시켜야 한다. 특히, 실시간으로 사용자와 가상 물체 간에 상호작용을 통해 사용자로 하여금 더욱 현실감을 느끼게 할 수 있지만 실시간으로 입력되는 교정되지 않은 영상에서는 가상 물체를 합성시키기 위해서는 실제 카메라의 파라미터를 정확히 알아내는 카메라 교정 작업이 필수적이다.

 영상 합성 기술은 크게 카메라 교정기술을 통한 합성과 카메라 교정기술 없이 합성하는 방법 2가지로 구분할 수 있다. 카메라 교정기술을 통한 합성을 하는 이유는 실제 환경에 가상 물체를 위치 시켰을 때 어색함이 없이 자연스럽게 합성되어야 하는데 실제로는 다양한 오차(정 적 오차, 렌더링 오차, 동적 오차) 등으로 쉽게 구현되지 않는다. 이러한 점들을 해결하기 위해 '카메라 교정 장비 및 3차원 위치 센서를 이용한 방법'과 '시각 기반 기법'을 이용하고 있다. 그러나 카메라 교정 장비 및 3차원 위치 센서 등을 이용한 방법은 고가의 장비 및 제한된 취득 환경을 요구하는 단점이 있다.

 시각 기반 기법은 카메라 이외의 다른 장비를 사용하지 않고 취득한 영상만을 이용해 카메라를 교정하는 기법이다. 이 기법은 사전에 알고 있는 체크 패턴을 실제 세계에 포함하여 그 패턴이 투영된 영상을 이용하여 카메라를 교정하는 방법이다. 이 방법은 비교적 정확한 카메라 파라미터를 얻어낼 수 있으나 영상 내에 항상 사전에 알고 있는 패턴이 존재해야 함으로 증강현실 분야에 적용하는데 다소 제한 사항이 있다.

 최근 카메라 교정기술 없이 영상을 합성하는 기술도 다각도로 연구되고 있다. 어파인(Affine) 카메라라는 가정 하에, 카메라 교정단계가 없이 사용자가 지정 한 4쌍의 대응되는 어파인 기점을 이용해 비디오 영상 내에 가상 물체를 합성 시키는 방법이 있으며, 사영(Projective) 카메라 모델에서 각 영상에서의 많은 대응점을 이용해 증강현실을 구현하였다.

 이러한 방법들은 사전의 교정 패턴이 요구되지 않은 장점은 있으나, 사용자에게 모호한 기저점의 지정을 요구하기 때문에 기저점으로 나타낼만한 패턴이 없는 경우 어긋난 기저점의 선택에 따른 큰 오차를 낳을 수 있으며, 결국 가상물체의 정합 오차로 인한 부자연스러운 증강현실을 초래한다.

다. 확장현실
1) 핵심 기술
가) 위치인식 기술[16]

일반적으로 모바일 단말기를 이용하여 혼합현실을 구현하고자 할 때는 마커 기반의 비전기술을 이용한다. 즉, 모바일 단말기에 부착된 카메라를 통해 획득한 실시간 이미지에서 마커 정보를 획득하고 이를 기반으로 실사에 가상객체를 혼합하는 것이다. 여기서 마커란 앞서 증강현실에서 살펴보았듯이, 특정한 패턴을 가지고 있는 단순한 2차원 도형으로 쉽게 식별이 가능하도록 만든 일종의 인식 코드이다. 한편, 마커가 없는 상황에서 혼합현실을 구현하기 위해서는 이미지를 얻는 카메라의 위치 및 자세가 정확하게 파악되어야 한다. 먼저, 위치를 인식하기 위한 방법을 살펴보면 크게 거리 측정에 의한 삼변측량(trilateration) 방법, 각도 측정에 의한 삼각측량(triangulation) 방법, 근접 방법으로 나눠볼 수 있다.

① 거리 측정에 의한 삼변측량 방법
거리 측정에 의한 삼변측량 방법은 이미 위치를 알고 있는 기준점으로부터의 거리를 측정하여 대상의 위치를 계산하는 방법으로써 GPS 기반의 위치 인식 기술이 그 대표적인 사례이다. 차원 공간상에서 물체의 위치를 파악하려면, 최소한 세 개의 위치를 알고 있는 기준점으로부터의 거리를 측정해야 한다.

② 각도 측정에 의한 삼각측량 방법
각도 측정에 의한 삼각측량 방법은 기준이 되는 지점 간의 거리와 위치 인식 대상과 기준점과의 각도를 측정하고 평면삼각법[17]으로 나머지 변의 길이를 계산하여 위치를 파악하는 방법으로써 항해, 토목 분야에서 주로 사용되는 기법이다.

③ 근접 방법
근접 방법은 위치를 추적하고자 하는 물체가 알려진 위치 근처에 있을 때 물리적 접촉을 통하거나, 물체가 발신한 신호를 기지국에서 모니터링 하거나, 태그를 호출하여 그 물체의 위치를 인식하는 방법이다.

나) 영상정합 기술[18]

혼합현실 시스템의 응용분야를 제한하는 가장 기본적인 문제 중의 하나는 실제 영상과 가상의 그래픽을 겹쳐서 보여줄 때, 두 개의 영상이 정확하게 일치하게 하는 영상정합(registration) 문제이다. 특히 의료 분야의 경우 이러한 정합이 정확히 이루어지지 않으면 치명적인 문제가 생길 수 있으며, 정합의 정확도에 따라서 혼합현실의 응용분야에 많은 제약이 따른다.

---

16) 모바일 혼합현실 기술, ETRI, 2007.08
17) 삼각함수를 사용하여 평면 위 삼각형의 변과 각도 사이의 관계를 기초로 하는 삼각법이다. (출처: 표준국어대사전)
18) 모바일 혼합현실 기술, ETRI, 2007.08

사람은 가상물체가 실제 환경에서의 물체처럼 움직이지 않는 것에 따른 오차 (visual-kinesthetic error) 보다는 실제 환경과 일치하지 않아서 발생하는 어긋남(visual misalignment)에 훨씬 민감하기 때문에 실제 환경의 카메라 특성을 파악하여 가상물체와 실제 환경의 3차원 좌표를 정확히 일치시켜야 한다.

특히 실시간으로 사용자와 가상물체간의 상호작용을 통해 사용자로 하여금 더욱 현실감을 느끼게 할 수 있지만 실시간으로 입력되는 교정되지 않은 영상에서 가상물체를 합성시키기 위해서는 실제 카메라의 파라미터를 알아내는 카메라 교정 작업이 필수적이다.

3차원 좌표를 수치 해석적 방식이나 카메라 제조사에서 제공하는 카메라의 파라미터[19]를 이용하여 그들의 영상에서의 위치를 알아낸다. 영상에서의 위치를 알게 되면 바로 그 곳에 가상 객체를 덮어서 그려 넣으면 되므로 문제는 카메라 영상에서 현실 세계의 어떤 지점이나 물체에 대한 3차원 좌표를 얻어내는 것이다.

3차원 좌표를 얻어내기 위해서는 이론적으로 2개의 카메라가 필요하다. 이는 인간이 두 눈을 통하여 깊이를 인지하는 원리와 같다. 컴퓨터 비전 연구자들을 지난 40년 동안 이 문제를 풀어내기 위하여 고심했으나, 현재 보통 영상에서 어떤 객체를 인식하고 이의 좌표와 자세를 알아내는 데에는 한계가 있다. 특히 보통의 혼합현실 시스템에서는 한 개의 카메라만을 사용하는 경우가 많으므로 한 개의 카메라에서 현실 세계의 3차원 위치를 파악 하는 것은 매우 어렵다.

따라서 혼합현실 연구자들은 추출하기 쉬운 영상특징들로 구성된 기준표시라고 하는 마커 (landmark or marker)를 이용하여 이를 해결하고 있다. 마커를 이용한 방법은 사용자로 하여금 주변 환경에 인위적인 요소(표식 설치 등)를 첨가해야 하므로 야외의 혼합현실 시스템의 경우에는 모델에 기반한 영상정합을 많이 사용하고 있다.

다) 영상합성 기술

영상정합을 통하여 가상 객체가 표현되어야 하는 위치를 추출하게 되면 이를 실제 영상에 합성하는 기술이 필요하다. 이를 영상합성 기술이라 하며 이 기술은 상대적으로 많이 발달 되어 있는데, 비디오 영상 데이터를 그래픽 시스템 의 frame buffer에 받아 들여서 그래픽 영상과 같은 데이터를 공유하게 함으로써 간단히 해결할 수 있다.

이 때 가상객체는 카메라의 시점과 주어진 3차원 위치에서 어떻게 보이고 그려져야 할지 프로젝션 계산에 의하여 결정된다. 현재 그려지는 가상 객체들은 만화와 같은 사실성이 떨어지는 객체들의 경우가 많으나, 이를 좀 더 사실적으로 표현하여 자연스러운 영상을 만들어 내고, 그림자나 다른 객체에 가려지는 효과, 또는 각종 빛의 효과를 삽입하는 연구도 많이 진행되고 있다.

---

19) 2차원 영상으로 프로젝션하기 위해 카메라가 사용하는 수학적인 모델을 의미한다.

라) 저작도구 기술

3D Max나 마야 같은 모델링 저작 도구에 비해 혼합현실 콘텐츠 제작을 위한 저작도구는 역사가 짧고 상용제품도 적다. 다만 전 세계적으로 가상현실의 한 분야로써 혼합현실에 대한 연구가 군소적으로 이루어지고 있으며 이에 따라 저작도구에 대한 연구가 진행되고 있으나 기술적, 제적 파급 효과는 현재까지 미미한 상태이다.

한편, 모바일 환경에서의 혼합현실 기반 저작도구는 더더욱 미미하여 혼합현실 기반 저작도구 범주 안에 이를 포함하여 살펴보고자 한다. 혼합현실 기반의 저작도구는 일반적인 저작도구와 마찬가지로 메뉴나 툴바 혹은 윈도 시스템에서 사용자가 원하는 콘텐츠를 제작하도록 지원하며 insert, connection, move, resize, drag and drop, ordering, object-selection, positioning과 같은 다양한 operation들을 사용한다.

마) 상호작용 기술

혼합현실 기술은 실세계의 3차원적 정보 공간에 직관적인 인터페이스를 제공함으로써 사용자가 인위적으로 구성한 가상객체 혹은 공간으로의 자연스러운 접근을 꾀하도록 한다.

기존의 노트북 컴퓨터, HMD, 카메라 등으로 구성된 이른바 backpack 시스템을 통해 구현되어 왔던 모바일 혼합현실 기술은 제한된 연구실 환경에서는 잘 동작하지만, 가격이 비싸고 착용이 불편하며 일정 수준의 전문성도 필요로 하기 때문에 경험이 많지 않은 사용자가 다루기엔 어려운 점이 많았다.

최근 다양한 컴퓨팅 능력을 가진 handheld 컴퓨터, 휴대폰, PDA 등 휴대가 용이한 기기들의 사용이 일반화되면서 실험실 환경에만 국한되었던 혼합현실 기술들이 실질적인 외부환경에서 더 많은 사용자들에게 제공될 수 있는 잠재력을 지니게 되었다.

04

실감콘텐츠 관련 정책

4. 실감콘텐츠 관련 정책

가. 국내

1) K-ICT 디지털 콘텐츠 산업 육성계획[20)]

과학기술정보통신부, IBK기업은행, IPTV 3사가 협력하여 국내 K-ICT 디지털 콘텐츠 산업을 활성화하고 경쟁력을 향상시키기 위한 중요한 계획을 추진 중이다. 이 계획은 국내 미디어와 콘텐츠 분야에 총 5천억원을 투자하여 이 분야를 지원하고, 더 나아가 글로벌 경쟁에서 선두에 서기 위한 목표를 가지고 있다.

국내 미디어 콘텐츠 업계는 글로벌 경쟁에서 경쟁력을 확보하고, 제작 비용이 급증하며 해외 시장으로의 진출을 위해 자금 지원이 필수적이다. 이를 위해 정부와 금융 기관은 협력하여 다양한 투자 및 금융 지원을 제공할 예정이다.

주요 내용은 다음과 같다:

- 정부는 OTT, 메타버스, 크리에이터 등 3대 디지털 미디어 콘텐츠에 집중 투자하는 펀드를 1천억원 규모로 신규로 조성할 계획이다. 이는 업계의 성장과 발전을 지원하는 역할을 수행할 것이다.

- 또한 글로벌 디지털 미디어 펀드와 메타버스 XR VR 등을 활용하는 미디어 콘텐츠 기업에 투자하는 디지털 콘텐츠 펀드도 개설될 예정입니다. 이는 새로운 기술과 콘텐츠를 개발하는 기업들을 지원한다.

- 미디어 스타트업에 대한 투자 프로그램과 대출 보증 프로그램도 과학기술정보통신부와 기업은행의 협력으로 진행될 예정이다.. 이를 통해 창의적이고 유망한 스타트업들을 지원한다.

- IPTV 3사는 '아이픽(iPICK)' 브랜드를 통해 콘텐츠 투자를 더욱 확대하고, 이동통신 3사도 KIF 펀드를 활용하여 디지털 미디어 콘텐츠에 투자를 유도한다.

- 국내 미디어와 콘텐츠 업계의 해외 투자 유치를 위해 노력하며, UAE 국부펀드에 국내 디지털 미디어 기업에 대한 투자를 제안하고 있다.

---

20) zdnet, 정부, 디지털 미디어 콘텐츠 분야에 5천억원 투자 지원, 2023.06

2) 5G+ 전략산업[21]

과학기술정보통신부 주도로 활동해온 5G+ 전략위원회가 사실상 폐지되면서, 5G와 관련된 정책 결정 및 융합 서비스 확산에 대한 공백이 우려되고 있다. 이 위원회는 정부 관료, 이동통신사, 제조사, 학계 전문가 등 다양한 이해당사자들로 구성돼 5G 기술을 다양한 산업 분야에 적용하고 새로운 가치를 창출하기 위한 전략을 논의하고 정책을 결정해왔다.

업계에서는 이런 위원회의 폐지가 불가피한 결정이지만, 5G 정책을 주도적으로 추진할 중요한 역할을 수행하던 기구가 사라지면서 아쉬움을 표명하고 있다. 특히, 5G 산업의 발전과 확산을 위한 다양한 정책을 협의하고 논의할 수 있는 조직의 필요성을 제기하고 있다.

과학기술정보통신부는 5G 특화망 얼라이언스가 5G+ 전략위원회를 대체할 수 있을 것으로 보고 있으며, 민간 기업 중심으로 5G 융합 서비스 확산을 주도할 수 있도록 지원체계를 마련하는 방안을 고려하고 있다. 그러나, 이 특화망 얼라이언스는 정부 주도의 전략위원회와는 다르게 역할이 제한적이어서, 전반적인 5G 정책 추진에 대한 우려가 제기되고 있다.

전문가들은 5G 정책을 주도적으로 추진하고, 민간과 공공의 의견을 종합하는 조직의 필요성을 강조하고 있으며, 미국의 경우 6세대 이동통신인 6G 시대에 대비하기 위해 민간, 공공 및 전문가가 참여하는 조직인 6G TF를 검토하고 있어 이러한 조직의 필요성을 부각시키고 있다.

결론적으로, 5G+ 전략위원회의 폐지로 인해 5G 정책을 이어갈 조직이 필요하며, 이를 위한 적극적인 정책 및 지원 체계 마련이 필요하다는 입장이 공유되고 있다.

3) 콘텐츠 산업 3대 혁신전략[22]

2023년, 한국콘텐츠진흥원(콘진원)은 콘텐츠 산업에 대한 3가지 주요 혁신전략을 제시했다. 첫 번째로, **민간주도형 지원체계 구축**이 있다. 이는 변화무쌍한 산업환경에 대응하기 위해 민간 기업과 창작자를 중심으로 지원 체계를 강화하는 것을 의미한다. 이를 통해 민간 주체의 창의적 역량을 더욱 활용하고 콘텐츠 산업의 성장을 지원한다.

두 번째로, **사업 구조조정과 집중** 전략이 있습니다. 다양한 콘텐츠 분야에서의 사업 중 일부를 조정하고 핵심 분야에 집중 지원하는 방향으로 나아간다. 이를 통해 콘텐츠 산업의 핵심을 강화하고 글로벌 경쟁에서 더 나은 경쟁력을 확보한다.

마지막으로, **빅데이터를 기반으로 한 선도적 정책지원** 전략을 추진한다. 빅데이터 기술을 활용하여 정책 지원을 강화하고, 시장 동향을 실시간으로 파악하여 미래 콘텐츠 산업의 성장을 예측하며 정책을 조정한다. 이를 통해 미래에 대비하고 변화하는 환경에 빠르게 적응하려는 노력을 보인다.

---

21) 전자신문, 5G+전략위원회 없어진다... 융합서비스 구심점 마련 시급, 2022.09
22) 콘텐츠진흥원, 2022년 한국콘텐츠진흥원 기관장 미디어간담회, 2022.12

4) 5G 실감콘텐츠 신시장 창출 프로젝트

한국콘텐츠진흥원은 2022년 11월부터 12월까지 국내 실감콘텐츠 기업 988개를 대상으로 조사를 실시했다. 이 조사는 AR/VR 등 실감콘텐츠 산업 분야의 글로벌 성장세에 부응하여 국내 실감콘텐츠 산업도 빠른 성장을 보였음을 확인한 결과다.

새로운 정부의 경제성장 정책 중 하나로 실감미디어 활성화가 언급되면서 국내외 실감콘텐츠 산업이 가파른 성장을 이루어내고 있다. 이에 따라 실감콘텐츠산업 실태조사를 통해 해당 산업의 구조를 분석하고 발전 방안을 도출하는 작업이 필요한 상황이다. 이러한 조사를 통해 5G 실감콘텐츠 신시장 창출 프로젝트가 진행될 것으로 기대된다.

① 교육부 스마트 가상진로 체험

교육부는 '자율주행자동차', '화성탐사로봇' 등 VR콘텐츠를 개발하여 2017년 10월부터 전국 17개 중 고교에서 시범적으로 운영하고 있다.

스마트 가상 진로체험	
주요내용	가상 진로체험 콘텐츠를 활용한 온라인 체험과 가정, 학교, 유관 연구소와 연계한 오프라인 체험의 융합적 경험 제공
개발규모	'미래 지구에서의 생활', '미래 화성에서의 생활' 교안 2종 및 관련 VR콘텐츠
운영규모	전국 17개 중 고교 학생 530여명 (시 도교육청별 1개교, 교육청 추천)

[표 6] 스마트 가상 진로체험

② 교육부 디지털교과서+VR AR[23]

[그림 21] 디지털 교과서

---

23) 연합뉴스, 2025년부터 학생맞춤형 디지털교과서 쓴다…수학부터 적용 검토, 2023.01

교육부가 2025년부터 학생 개개인에게 맞는 콘텐츠를 제공하는 디지털 교과서를 도입하고, 학교 수업과 교육 평가 방식을 개선하는 계획을 밝혔다. 이는 '2023년 주요업무 추진계획'으로 윤석열 대통령에게 보고된 내용이다.

디지털 교과서는 2025년부터 단계적으로 도입되며, 이를 위해 인공지능(AI) 기반의 교과과정 프로그램을 활용할 예정이다. 학생들의 역량과 지식 수준을 파악하여 맞춤형 콘텐츠를 제공하는 형태로 구현될 것입니다. 학생들이 2025년까지 '1인 1기기(디바이스)'를 가질 수 있도록 하는 방안도 고려 중이다.

특히, 이 디지털 교과서 도입은 수학과 같은 기술 분야에서 우선적으로 추진될 예정이다. 오승걸 책임교육정책실장은 "새 교육과정이 2025년에 초 3·4학년, 중1, 고1에 적용되는데 이 학년이 디지털 교과서를 쓸 수 있게 추진하겠다"고 밝혔다.

또한, 학교 수업과 평가 방식을 개선하고 학교의 교육 기능을 강화하는 계획도 있다. 상반기에는 고교 교육력 제고 방안과 일반고 교육 역량 제고, 자사고 및 외고 등 고교 다양화 방안을 마련하고, 고교학점제 보완 방안에 대한 결정을 다음 달까지 내놓을 예정이다.

③ 과학기술정보통신부 실감교육강화사업[24]

과학기술정보통신부가 '실감교육 콘텐츠 체험학교'를 모집한다. 이 학교는 가상현실(VR)과 증강현실(AR)을 활용한 가상융합기술(XR) 콘텐츠를 학교 교육에 활용하기 위한 프로그램으로, XR을 통해 입체적인 정보와 상호작용이 가능한 사실적인 콘텐츠를 제공하여 학생들의 교육 몰입도와 이해도를 높이고, 현실에서는 체험이 어려운 상황을 가상현실로 체험하게 함으로써 교과수업과 진로 탐색에 도움을 준다. 이 프로그램은 전국의 초·중·고교(대안학교·특성화 학교·특수학교 포함)를 대상으로 하며, 총 45개 학교가 선정될 예정이다. 올해에는 메타버스 크리에이터(초등), 우주 탐험(중등), AI반도체(고등) 등의 미래 기술과 진로에 대한 프로그램도 운영되며, 교직원을 대상으로 교원 연수 프로그램도 제공하여 실감교육이 교육 현장에 확산될 수 있도록 지원할 예정이다.

④ 산업부 에듀테크산업지원전략[25]

교육부가 글로벌 에듀테크 동향을 고려하여 정책 방향을 변경하고자 한다. 이전까지는 정부 중심의 접근 방식이었으나, 최근 월드 에듀테크 트렌드에서 교사와 학교 중심의 접근이 효과적임을 파악하게 되었다.

이에 따라 장상윤 교육부 차관은 영국에서 개최된 'BETT UK 2023' 행사에서 국내 에듀테크 기업과 협력 방안을 논의하였다. 이 미팅에서 장 차관은 한국형 에듀테크 생태계 조성을 위한 네 가지 주요 전략을 발표하였다.

---

24) 디지털투데이, 과기정통부, '실감교육 콘텐츠 체험학교' 모집...XR 콘텐츠 활용, 2023.04
25) 한국교육신문, 에듀테크 트렌드 파악한 교육부, '교사 중심' 정책전, 2023.03

먼저, 교사들이 에듀테크를 쉽게 활용할 수 있도록 지원할 계획이다. 교사들은 다양한 정보를 토대로 원하는 에듀테크 솔루션을 쉽게 구매할 수 있도록 도움을 받을 것이며, 기업들은 경쟁을 통해 고품질 기술을 개발하고 제공하는데 중점을 둘 것이다. 이를 위해 학교장터에 에듀테크 카테고리를 도입하고, 구매 과정에서 발생하는 어려움을 지속적으로 개선할 것이다.

둘째로, 에듀테크 기업들이 교육 현장의 요구를 이해하고 적합한 솔루션을 개발할 수 있도록 교육과 연수를 제공할 예정이다. 교육부와 교육청은 정책 방향을 공유하며, 교육에 대한 명확한 이해를 바탕으로 기술 개발을 지원할 것이다.

셋째로, 에듀테크의 효과를 실증할 수 있는 테스트베드를 활성화할 것입니다. 제품의 성능 향상 뿐만 아니라 현장에서의 활용 가능성도 충분히 테스트할 수 있도록 지원하고, 소프트랩 설치 등을 적극 권장할 것이다.

마지막으로, 국내 에듀테크 기업의 해외 진출을 지원할 예정입니다. K-디지털 교육을 통해 우수한 에듀테크 기업이 글로벌 시장에 진출할 수 있도록 마케팅을 강화하고 산업부와 협력하여 기업의 어려움을 해소할 것이다.

장 차관은 이러한 노력을 통해 국내 에듀테크의 경쟁력을 향상시키고 성장 생태계를 조성하겠다고 밝혔습니다. 이러한 정책 전환은 교육부가 글로벌 에듀테크 트렌드를 파악하고 국내 교육 혁신을 주도하기 위한 중요한 발걸음이다.

나. 해외동향

1) 미국[26][27]

미국 정부는 2000년대 중반부터 혼합현실(MR) 기술을 미래의 핵심전략 기술 중 하나로 지정하며, 이를 발전시키기 위한 투자를 지속적으로 진행하고 있다. 혼합현실(MR)은 가상현실(VR)과 증강현실(AR)을 통합하여 현실 세계와 가상 세계를 융합하는 기술을 포함하고 있다.

미국에서는 2017년 이후 ICT R&D 프로그램인 NITRD(Networking and Information Technology Research and Development)의 일환으로 MR 기술개발을 지원하고 있으며, 2023년 현재까지도 해당 분야의 연구와 개발을 계속 진행하고 있다.

미국인 중 약 5,210만 명(15.7%)이 2020년에 VR 관련 콘텐츠를 이용하고, 8,310만 명(25.0%)은 한 달에 한 번 이상 AR을 사용할 것으로 전망된다. 미국은 XR와 AI를 비롯한 핵심기술 분야에 집중하며, 이러한 기술을 활용하여 기술, 산업, 안보 등 다양한 분야의 역량을 강화하기 위한 혁신 경쟁법안인 USICA를 통과시켰다.

미국은 미래의 제조 분야에서 경쟁력을 확보하기 위해 디지털 트윈을 중요한 핵심요소로 인식하고 제조 경쟁력을 강화하기 위한 전략을 제시하고 있으며, 6G와 같은 미래 기술에 대한 연구 및 개발에도 힘쓰고 있다.

또한, 미 육군은 XR 기술을 적극적으로 활용하여 합성훈련환경(Synthetic Training Environment, STE)을 운영하고 있으며, 이를 통해 다양한 군수물품에 대한 효과적인 훈련 및 시뮬레이션을 제공하고 있습니다. 초기운용역량 및 완전운용역량을 확보하여 군사 훈련 분야에서 MR 기술을 효과적으로 활용하고 있습니다.

또한, 국토안보부의 'Enhanced Dynamic Geo-Social Environment (EDGE)' 프로그램은 대형 사고 발생 시 응급 구조 기관과의 공조 대응 계획 수립을 위한 무료 가상훈련 플랫폼을 운영하고 있으며, 국방부의 'Synthetic Training Environment' 프로그램은 단일 훈련 플랫폼 상에서 균일한 훈련 경험을 제공하고 있다. 이러한 프로그램은 국방, 재난 대응, 의료, 교육 등 다양한 분야에서 활용되고 있다.

미국은 MR 기술을 다양한 분야에서 활용하여 현재까지도 지속적으로 연구 및 개발을

---

26) 소프트웨어정책연구소(한상열). "글로벌 XR 정책 동향 및 시사점" (2020) 6, U.S. Army(2019.10.8.), "Army testing synthetic training environment platforms"
27) NITRD 프로그램은 미국 연방정부의 각 부처.기관이 담당하는 ICT 연구개발 활동을 조정하며 연간 50억 달러의 투자 규모로 진행

진행하고 있으며, 이러한 기술을 향후 미국의 발전과 안보에 기여할 것으로 기대된다.

연도	기술개발 지원내용
1990년대	수술 및 치료 보조, 광학 현미경 기술 시각화에 CG, VR 기술 활용을 지원
2000년대	산업, 교육, 재난 등 다양한 공공 분야로 VR 활용을 확대
2017년	XR은 컴퓨터 기반 인간 상호작용, 커뮤니케이션, 증강(CHuman, Computing-Enabled Human Interaction, Communication and Augmentation) 분야로 발전되었고 AR 기술개발, XR과 인공지능(AI) 융합을 지원

[표 6] 정부주도연도별 XR 기술개발 지원내용

출처:소프트웨어정책연구소(한상열). "글로벌 XR 정책 동향 및 시사점"(2020) 5면

2) 영국

영국에서는 '10-week Augmentor Programme'을 매년 진행하고 있으며, 이 프로그램을 통해 영국 전역에 VR 연구소를 설치하여 기업의 연구자들이 VR 및 AR 기술을 습득하고 고객 및 투자자에게 아이디어를 제시할 수 있도록 지원하고 있다. 영국은 국방 분야에서 비행, 전장, 차량 시뮬레이션 및 가상 신병 훈련 등 다양한 분야에서 VR 및 AR 기술을 활용하고 있으며, PTSD(스트레스 장애) 치료에도 적용되고 있다.

또한, 영국은 엔터테인먼트 및 미디어 분야에서 고성능 VR 헤드셋 디바이스의 보급률이 상승하고 있으며, 이를 이용한 실감콘텐츠 사용이 늘어나는 추세다. 전반적으로 영국은 XR 기술을 국내 산업발전에 많은 지원을 하고 있으며, XR을 디지털 핵심기술로 지정하여 다양한 정책적 지원과 시너지 효과를 추구하고 있다.

구분	주요 내용
XR 활용 산업발전 다양한 정책적 지원	• 2017년 '산업전략 백서' • 2018년 '창의산업 섹터딜(Creative Industries Sector deal)' • 2018년 Innovate UK[67]는 "The Immersive Economy in the UK" 보고서를 통해 XR 기술을 활용하여 산업, 사회, 문화적 가치를 창출하는 실감경제(Immersive Economy) 개념을 제시하면서 범용기술로서 XR의 역할과 파급력에 주목할 필요성을 강조 • 2018년 산업전략 챌린지펀드(Industrial Strategy Challenge Fund)와 예술인문연구지원회(Arts and Humanites Research Council)의 지원을 받아 시작한 창의산업 클러스터 프로그램(The Creative Industries Clusters Programme)은 타 산업 분야와 XR 기술 융합 발전 촉진을 지원[68]

[표 6] 영국 기업지원 주요 정책요약
출처: 정보통신산업진흥원, "2020년 실감콘텐츠 수출가이드라인 용역"-보고서 3- (2020.10.)

구분	주요 내용
XR 활용 산업발전 다양한 정책적 지원	• 2017년 '산업전략 백서' • 2018년 '창의산업 섹터딜(Creative Industries Sector deal)' • 2018년 Innovate UK[67]는 "The Immersive Economy in the UK" 보고서를 통해 XR 기술을 활용하여 산업, 사회, 문화적 가치를 창출하는 실감경제(Immersive Economy) 개념을 제시하면서 범용기술로서 XR의 역할과 파급력에 주목할 필요성을 강조 • 2018년 산업전략 챌린지펀드(Industrial Strategy Challenge Fund)와 예술인문연구지원회(Arts and Humanites Research Council)의 지원을 받아 시작한 창의산업 클러스터 프로그램(The Creative Industries Clusters Programme)은 타 산업 분야와 XR 기술 융합 발전 촉진을 지원[68]

[표 6] 영국 XR 활용 주요정책 요약
출처: 소프트웨어정책연구소(한상열). "글로벌 XR 정책 동향 및 시사점" (2020)

3) EU

EU에서는 실감콘텐츠 산업을 육성하기 위해 핵심 기술력을 확보하고 국민의 관심을 높이는 데 주력하고 있다. 이를 위해 다양한 국가로부터 자금 지원을 받아 홀로그램 응용분야에 대한 EU 프로젝트를 진행하고 있으며, 2023년 현재까지 이러한 프로젝트가 진행 중이다.

또한, '호라이즌 2020 (Horizon 2020)' 프로젝트의 후속으로 '호라이즌 유럽 (Horizon Europe)'를 발표하였으며, 디지털 기술인 XR, AI, 데이터 등의 활용을 장려하고 연구를 지원하고 있다. 이와 더불어 '유럽 데이터 전략' 및 '인공지능 백서'를 발표하여 디지털 시대에 대한 종합적인 전략을 마련하고 있다.

동향	내용
Horizon 2020 / Horizon Europe 등 중장기적 XR 연구개발 확대	‣ Horizon 2020 프로젝트 후속으로 Horizon Europe를 추진하며 XR, AI 등 디지털 기술 기반의 사회문제 해결을 위해 노력함 - 주요영역: 오픈 사이언스, 글로벌 과제, 산업 경쟁력, 오픈 이노베이션
Horizon Europe Work Programme ('21-'22)	‣ 디지털 기술 및 산업 클러스터 간 융합 확대를 위해 5개의 중점 클러스터를 중심으로 지원 정책을 운영함 - 건강, 포용적이며 안전한 사회, 디지털 및 산업, 기후·에너지 및 모빌리티, 식량 및 자원

[표 6] EU 실감콘텐츠 산업정책동향 요약
출처: 소프트웨어정책연구소. "2021년 국외 디지털콘텐츠 시장조사"(2022)

4) 독일

독일은 2011년 총리 주도하에 산업정책인 「인더스트리 4.0」을 발의하여 스마트공장구축을 위해 현실 세계와 VR·AR 기술 융합을 가속화하고 있다. 인더스트리4.0 정책의 목표는 빅데이터, AR, 3D 프린팅, 로봇기술 등의 최첨단 기술을 활용하여 실시간 최적제품을 생산하는 스마트 공장의 구축이다. 인더스트리 4.0의 도입기에는 민간 기업을 중심으로 추진되었으나, 2015년 이후에는 민간과 정부 그리고 학계가 참여하는 플랫폼 4.0 전략으로 선회하여 민·관의 공동대응 방식으로 확대되었다. 독일의 글로벌 제조업체인 SAP, 지멘스, 보쉬 등이 인더스트리 4.0에 참여하였다. 정부는 중소.중견기업이 인더스트리 4.0에 잘 적응할 수 있도록 정책금융을 비롯하여 기술력 전수, 전문가 파견, 공동연구개발 확대 등을 지원하였다.

독일은 독일의 공공기관인 프라운호퍼(fraunhofer) 연구소를 중심으로 실감기술에 관한 응용연구를 추진하고 있다. 프라운호퍼 연구소는 8개의 그룹 및 72개의 산하연구기관으로 25,000여 명 이상 종사하고 있는데, 연간 23억 유로의 예산으로 민간 및 공공분야의 위탁연구를 수행하고 있다. 프라운호퍼는 독일의 각 지역거점에 위치하여 수많은 성공사례를 기반으로 각 지역의 창업자나 중소기업에 유망기술의 연구개발, 제품 및 서비스화를 지원하고 나아가 창업까지 지원하고 있다. 특히, 프라운호퍼는 산하 3개 연구소를 중심으로 VR·AR 기술 솔루션 및 응용 분야까지 다양하게 연구 중이다.

구분	연구 내용
생산 및 디자인 연구소 (Fraunhofer Institute for Production Systems and Design Technology)	• VR 솔루션을 위한 센터 운영(3D 시각화, 인터랙션 기술 및 햅틱 등 첨단기술에 대한 기초 연구) • 세부 기술: 분산형 VR 기술, 실감형 머신 제작 등
컴퓨터그래픽연구소 (Fraunhofer Institute for Computer Graphics Research IGD)	• VR·AR 기술을 다양한 산업에 응용하기 위한 솔루션 개발 • 스마트폰 앱에서 HMD를 통해 이루어지는 모든 VR·AR 기반 솔루션 개발
산업 공학연구소 (Fraunhofer Institute for Industrial Engineering IAO)	• ServLab은 혁신적인 서비스를 위해 테스트, 모델링 및 시뮬레이션하기 위한 최신 방법 및 기술 제공 • 세부 기술: VR 기술을 사용하여 3D 가상 매장을 구축해 시각화하고 테스트 환경 및 학습환경을 제공

[표 7] 독일 프라운호퍼 연구소 VR·AR 연구 현황

5) 중국[28)29)30)31)]

 국민경제와 사회발전을 지원하기 위한 14차 5개년 계획과 2035년 장기목표 강령을 통해 중국에서는 XR 산업을 미래 5년의 디지털 경제 중점산업으로 선정했다. 또한, 중앙 정부는 중앙 블록체인 서비스 플랫폼 '블록체인 서비스 네트워크(BSN, Blockchain Service Network)'를 상용화를 시작하였으며 중앙 정부는 실감콘텐츠에 대한 기술과 산업간의 융복합을 주도적으로 실시하고 있으며, 지방 정부에서는 5G를 기반으로 하는 실감콘텐츠와 지역산업과의 연계를 추진하고 있다.

중국에서는 VR 및 AR 관련 콘텐츠 시장규모가 빠르게 성장하고 있으며, 2021년에는 185.2억 위안, 2022년에는 약 299.5억 위안으로 예상되고 있다. 중국의 VR 기업 중 중소기업(자본금 100만 위안 이하)이 36.98%로 가장 높은 비율을 차지하고 있으며, 대기업(자본금 1,000만 위안 이상)이 16.37%로 확인되고 있다. 2021년 기준으로 중국 VR 기업 중 5곳이 연매출 100억 위안 이상을 실현하여 상위 50개 기업의 절반 이상이 연매출 1억 위안을 초과하였으며, 산업이 꾸준히 성장하고 있는 추세다.

중국은 2019년 5G 서비스를 시작한 이후 세계 5G 기지국의 70% 이상을 차지하고 있으며, 이는 실감콘텐츠의 성장의 기반이 되고 있다. 5G와 VR 기술을 통해 실시간 방송 서비스와 스포츠 영역에서의 활용이 뚜렷하게 발전하고 있으며, 빅테크 및 스타트업 기업들이 메타버스 분야에 진출하는 시도가 늘고 있다. 문화 및 관광부문에서는 '몰입형 콘텐츠'의 융합을 촉진하여 차세대 문화소비 트랜드를 구축하고 있다.

동향	주요 내용
XR 활용 확대 중심의 중장기적 산업활성화 전략	• 13·14차 5개년 계획 등 XR 등의 기술융합을 강조 산업육성을 진행
	• 중장기 정책을 발표하며 국가발전 핵심요소로 XR 산업 발전을 진행
	• 제조, 문화 등 응용산업 내 XR 기술 융합지원 확대 - 국무원 '국민경제·사회발전 14차 5개년계획' - 공업정보화부 '산업인터넷발전 가속화촉진통지' - 과학기술부 '문화·과학기술 심층융합촉진 지도의견'
	• XR 기반의 스마트교육 전문인력 육성강화 - 교육부 '초중고교 실험교육 강화·개선 의견' - '고등교육기관·전문대 전공목록 공표
지역특색에 기반한 XR 융합 중심의 신산업 창출 확대	• 지역별 산업특색에 맞춘 XR 융합 확대도모 정책 지속적 발표 - (베이징) XR CPND 분야별 산업단지 조성 - (청두/쓰촨성) XR 관련 혁신기지 구축·콘텐츠 제작 - (선양/라오닝성) 게임 내 XR 융합 지원 확대 - (칭다오/산둥성) 5G 연계를 통한 XR 산업 구축 등

[표 7] [표 7] 중국 실감콘텐츠 산업정책동향 요약
출처: 소프트웨어정책연구소. "2021년 국외 디지털콘텐츠 시장조사" (2022) 요약본

---

28) 정보통신산업진흥원, "2020년 실감콘텐츠 수출가이드라인 용역"-보고서 3- (2020.10.) 239면
29) 소프트웨어정책연구소. "2021년 국외 디지털콘텐츠 시장조사" (2022) 330-332면. 요약 및 재가공
30) 관계부처 합동, "디지털 뉴딜 2.0 초연결 신산업 육성-메타버스 신산업 선도전략" (2022.01.13.)
31) 31) 관계부처 합동, "디지털 뉴딜 2.0 초연결 신산업 육성-메타버스 신산업 선도전략" (2022.01.13.)

6) 일본[32]

일본에서는 2020년 4월에 국토교통성이 국토의 디지털 트윈을 목표로 하는 '국토교통 데이터 플랫폼 1.0'을 공개하였고, 2022년 3월에는 '국토교통 데이터 플랫폼 2.2'로 업데이트하였다. 이 데이터 플랫폼은 국토, 경제활동, 자연현상과 연계된 데이터를 가상공간에서 관리하고 다양한 상황을 시뮬레이션하는 것을 목적으로 하며, 건축물, 인프라, 관광시설 등의 3차원 데이터에 역사 및 이벤트 정보를 삽입하여 XR 시각화를 통해 다양한 서비스를 제공하고 있다.

또한, 2020년 5월에 경제산업성은 '산업기술비전 2020'을 발표하였으며, COVID-19 위기로 인해 가상공간과 현실공간에서 외부충격에 신속한 대응을 하기 위해 유연한 경제 및 사회 시스템으로의 전환을 강조하고 있다. 이를 통해 'Society 5.0' 실현을 앞당기기 위한 XR 기술개발 및 활용 기반을 마련하고 있다.

일본 정부는 'Society 5.0' 전략에서 AI, 사물인터넷과 함께 VR 및 AR 기술을 미래 사회를 위한 핵심기술로 지정하였으며, ICT 인프라 선진국으로 VR 및 AR 기술 응용의 다양화 및 정부의 지원정책 등을 통해 XR 시장이 급성장하고 있다. 2018년에는 XR 시장이 2,693억 엔이었으며, 2025년까지 약 1조 1,952억 엔으로 확대될 것으로 예상되고 있다.

또한, 2020년에는 5G 서비스가 본격적으로 개시되어 5G 환경에서 즐길 수 있는 VR 콘텐츠에 대한 수요가 급증하고 있다. VR 기기 시장규모는 2019년에 2,569억 엔이었으며, 2020년에는 5G 서비스 개시와 코로나19로 인한 생활방식 변화로 시장이 확대되었으며, 2025년에는 7,635억 엔으로 예상되고 있다.

일본 정부와 관련 기관은 VR 및 AR 원천기술 개발과 다양한 분야에 대한 지원을 활발히 진행하고 있으며, 경제산업성은 지역 활성화를 촉진하기 위해 보조금을 지급하는 등 다양한 지원 활동을 펼치고 있다.

[그림 27]]디지털 트윈의 구조

기능	내용
3차원 데이터 시각화	▸ 국토에 관한 데이터를 사이버 공간에 재현하기 위해서 국토지리원의 3차원 지형 데이터를 토대로 3차원 지도상에 점군 데이터 등 구조물의 3차원 데이터나 지반 정보 표시
데이터 허브	▸ 국토에 관한 데이터와 사람이나 사물의 이동 등 경제활동에 관한 데이터, 기상 등의 자연현상에 관한 데이터를 연계하기 위해서 API로 연계하여, 동일 인터페이스에서 횡단적으로 검색, 표시, 다운로드 가능한 기능 제공
정보 전송	▸ 국토 교통 데이터 플랫폼의 데이터를 활용해서 시뮬레이션 등을 실시한 사례를 플랫폼에 등록할 수 있도록 하고, 사례연구로서 그 정보를 열람 가능

[표 7] 일본 국토 교통 데이터 플랫폼 기능

---

32) 소프트웨어정책연구소. "2021년 국외 디지털콘텐츠 시장조사" (2022) 332-334면 요약 및 재가공

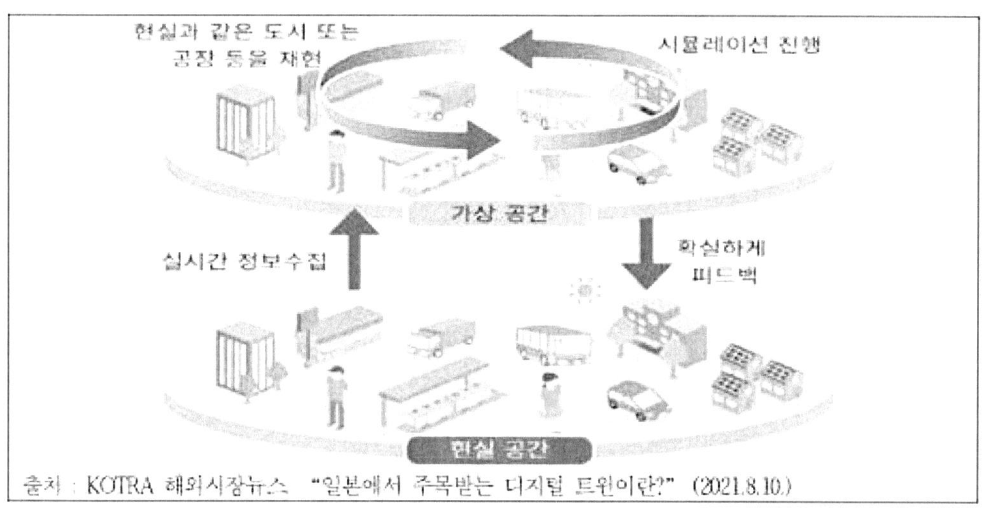

동향	내용
XR 기초연구 및 산업융합 확대	▸ 국가 ICT 정책인 소사이어티 5.0 정책 기반을 중심으로 차세대 지능정보 사회 구축을 위한 핵심기술로 XR 응용 등을 강조 - 과학기술혁신종합전략('17년, 내각부) - 미래투자전략('18년, 미래투자전략회의) - 2030년 미래를 맞는 기술전략('18년, 총무성) - 산업기술비전2020('20년, 경제산업성) - 통합혁신전략2021('21년, 각료회의) - 가상공간 내 비즈니스 확대를 위한 과제 조사('21년)
경제산업성, 경제산업정책의 신기축 발표	▸ 경제산업성은 새로운 경제발전정책인 '경제산업정책의 신기축'을 발표 - 정부주도 공급망 체질강화, 디지털, 그린 등의 3가지 과제 해결을 해결하기 위한 구체적인 정책방향을 제시함 - 제조 산업 내 디지털화 및 인재확보·육성 등 디지털 트랜스포메이션 확대를 위한 IT정보기술 융합을 강조함

[표 7]일본 실감콘텐츠 산업정책동향 요약

05

5. 실감콘텐츠 사례

가. 국내

1) ㈜디스트릭트코리아

한국 기업인 ㈜디스트릭트홀딩스가 운영하는 몰입형 매체예술 전시관으로 알려진 '아르떼 뮤지엄', '광화시대', '웨이브'는 디지털 매체 기술을 활용하여 혁신적인 공간 경험을 제공하는 국내 실감콘텐츠 사례다.

'아르떼 뮤지엄': '아르떼 뮤지엄'은 COVID-19로 외출이 어려운 상황에서 국민들에게 가상공간을 통해 자연의 아름다움과 신비로움을 전달한다. 2020년 문화체육관광부의 실감콘텐츠 분야 제작 및 지원 사업에 선정되어, 제주도를 시작으로 여수와 강릉에 '아르떼뮤지엄'을 개최하였으며, 2021년 12월 현재까지 120만 명의 관람객을 유치하며 150억 원의 매출을 기록하는 성공적인 예술 전시관이다.

'광화시대': '광화시대'는 서울 광화문 주변을 증강현실, 인공지능, 3차원 매체예술 등 실감콘텐츠로 가득 채운 대규모 문화 체험 공간입니다. 이를 통해 광화문 일대에서 한국의 과거, 현재, 미래를 체험할 수 있는 독특한 문화 경험을 제공하며, 국내외에서 주목받는 예술 프로젝트로 소개되고 있다.

'웨이브': '웨이브'는 서울 삼성동 코엑스 대형 전광판을 활용하여 한류 실감콘텐츠를 세계에 알림과 동시에 기술력과 창의력을 세계적으로 인정받아, 2021년에 독일 아이에프(iF)디자인어워드에서 금상을 수상한 사례다.

이러한 ㈜디스트릭트코리아의 프로젝트는 디지털 기술과 예술을 융합하여 색다른 공간 경험을 창출하며, 국내 실감콘텐츠 분야에서 주목받고 있는 선두 기업 중 하나로 손꼽힌다.

구분	기획	장소
광화원	실감 미디어파크 5G 기반 영상콘텐츠	경복궁 역사(서울메트로미술관)
광화인	지능형 홀로그램 인포메이션 콘텐츠	광화문 일대
광화전자	혼합현실(MR) 어트랙션 엔터테인먼트 콘텐츠	광화문 일대
광화수	빅데이터 기반 참여형 공공조형 콘텐츠	세종대로
광화담	위치기반 실감형 AR 미션투어 콘텐츠	광화문 광장 일대
광화벽화	초대형 인터랙티브 미디어아트 콘텐츠	대한민국역사박물관
광화풍류	실시간 스트리밍 공연 콘텐츠	세종문화회관

[표 7]일본 실감콘텐츠 산업정책동향 요약

[그림 24] ㈜디스트릭트코리아 '아르떼 뮤지엄', '광화시대', '웨이브

2) LG U+

[그림 25] 독립운동의 실감형 콘텐츠

한국관광공사와 LG유플러스는 11월 29일부터 12월 31일까지 서울 강남의 '일상비일상의틈'
복합문화공간에서 실감형 관광콘텐츠 체험 전시회를 개최한다. 이번 전시회는 '트래블 마켓'이
라는 테마로 열리며, 코로나로 인해 여행이 어려웠던 시기에 첨단 기술을 활용하여 비대면 여
행 체험을 제공하고자 한다. 이는 공사와 LG유플러스가 작년부터 시작한 두 번째 행사로, 국
내 여행을 실감형 콘텐츠로 즐길 수 있는 좋은 기회로 각광받을 것이다.

전시장에서는 다양한 디지털 콘텐츠가 제공됩니다. 360도 화면을 통해 서핑, 백패킹, 패러글
라이딩 등을 실감형으로 체험할 수 있는 8K 초고화질 VR(7종), 문화관광축제를 메타버스로
구현한 게임(2종), 웰니스관광지를 VR로 체험할 수 있는 시설 등이 마련되어 있다. 또한, 15
명의 디지털 아티스트가 한국의 자연, 멋, 유산, 흥을 주제로 한국 관광명소를 디지털 아트로
재해석한 '미디어아트: The Sights'와 2022년 대한민국 관광사진 공모전 수상작 109점도 전
시된다.

이러한 체험뿐만 아니라 슈퍼마켓 쇼핑과 같은 특별한 관람 방식도 제공된다. 관람객은 전시
물 리스트에 기록하면서 체험을 진행하고, 모든 체험을 마치면 계산대에 체크리스트를 제출한
다. 이렇게 하면 콘텐츠 구매 영수증을 받게 되며, 이 영수증을 이용하여 전시장 내 벽을 꾸
미고 개인 SNS로 인증하면 체험 완료 기념품도 받게 된다.

한국관광공사의 디지털콘텐츠센터장 김경수는 "이번 실감형 콘텐츠 전시를 통해 국내 관광지
의 매력을 생생하게 느낄 수 있는 기회가 되길 바란다"고 밝혔다. 이렇게 다채로운 콘텐츠로
채워진 전시회는 국내 관광지의 아름다움과 매력을 전달하는 훌륭한 기회가 될 것이다.

나. 해외

1) GE

미국 플로리다 주에 있는 GE 재생에너지(Renewable Energy) 공장에 풍력 발전용 터빈을 조립을 작업하는 사람들이 스마트 글래스를 착용한 후 원격 정비를 수행하였다. 스마트 글래스는 AR 소프트웨어 업스킬(Upskill)의 플랫폼 스카이라이트(Skylight)가 있고, 작업 하는 사람이 눈으로 보는 현장을 실시간으로 다른 장소에 있는 전문가에게 스트리밍형식으로 지원되는 방식이다. 전문가는 현장에 있는 것과 같이 상황을 파악할 수 있어 작업하는 사람들에게 정확한 지시를 전달할 수 있고, 디지털 매뉴얼이나 교육용 동영상을 이용한 조립이 가능하게 된다.

GE의 스마트 글래스는 스마트 글래스를 도입하기 전 표준 작업 방법에 비해서 생산성이 34% 높아졌다고 발표했다. 스마트 글래스 바탕으로 GE는 조립, 생산, 수리, 물류관리, 유지관리 등 대부분의 사업부에서 스카이라이트 플랫폼을 활용한다.

또한, MRI 부품을 제작하는 GE 헬스케어 공장이나 미국 사우스캐롤라이나 공장에서는 작업하는 사람들이 착용하는 스마트 글래스를 통하여 새로운 작업을 지시를 받는다. 물류 부문에서는 작업하는 사람에게 가야 될 저장소와 보관함으로 안내를 한 후 필요한 물품을 순서대로 준비할 수 있도록 지원을 한다. GE 헬스케어는 스카이라이트를 통하여 지시 작업 완료율이 46% 향상되었다고 한다.

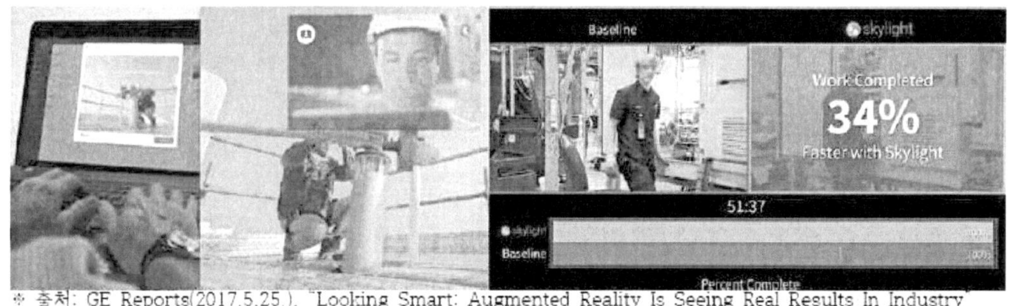

＊ 출처: GE Reports(2017.5.25.), "Looking Smart: Augmented Reality Is Seeing Real Results In Industry" 33)

[그림 26] GE의 AR 활용 사례

---

33) 출처 : GE Reports(2017.5.25.), "Looking Smart: Augmented Reality Is Seeing Real Results In Industry"

2) BMW

[34] BMW의 기술 사무소 USA가 마운틴뷰에 위치한 Meta's Reality Labs Research와의 협력으로 실감 있는 가상 현실(VR) 및 혼합 현실(MR) 콘텐츠를 차량 내에 안정적으로 구현하는 혁신적인 기술을 개발하였다. 이 기술은 차량 내부에서 VR 및 MR 기기를 사용하여 안전하게 콘텐츠를 표시하는 방법에 대한 연구 결과를 나타낸다.

이 기술은 차량이 움직이는 동안에도 안정적으로 가상 콘텐츠를 제공할 수 있도록 차량의 움직임과 사용자의 머리 동작을 동기화하는 것을 중점으로 한다. BMW의 센서 데이터와 Meta Quest의 추적 시스템을 통합하여, 차량 내에서의 안정성을 확보하고 "차 잠긴" 게임, 엔터테인먼트, 생산성, 명상 등 다양한 경험을 제공한다.

이 기술은 빠르게 움직이는 차량 내에서도 사용자가 VR 및 MR 디바이스를 안전하게 사용할 수 있도록 함으로써 차량 내 경험을 혁신적으로 바꿀 수 있는 잠재력을 가지고 있다. BMW와 Meta의 협력을 통해 차량 내에서 어떻게 XR(확장 현실) 경험을 더욱 향상시킬지에 대한 연구가 진행되며, 이러한 기술이 미래의 차량과 운전자에게 어떤 형태로 적용될 수 있는지 모색하고 있다.

BMW 그룹은 과거에도 디지털 기술과 차량 연결 기능을 개척하고 새로운 혁신을 추진한 바 있으며, 이번에도 차량 내에서 XR 디바이스와의 통합을 위한 업계 표준화를 추진하는 역할을 하고 있다. 개인 정보 보호에 대한 높은 기준을 준수하며, 데이터 보호 및 안전을 최우선으로 고려하고 있다.

이러한 협력은 차량 내에서 XR 기술을 통해 고객 경험을 혁신하고 안정성을 확보하기 위한 중요한 단계로, 미래에 차량과 운전자에게 새로운 디지털 경험을 제공할 것으로 기대된다.

[그림 27] BMW의 AR 활용 사례

[35]

---

34) bmwgroup, BMW Group and Meta's Reality Labs present joint research for interlinking extended reality devices with the digital vehicle ecosystem., 2023.05
35) 매일경제(2019.4.19.), "BMW, 생산시스템에 AR, VR 장비 도입", 중앙일보(2019.4.19.), "아이언맨의 가상현실, BMW공장에 등장했다."

3) 록히드마틴(Lockheed Martin)

록히드마틴에서는 2018년 프로젝트로 진행하고 있는 화성탐사선과 같은 디자인과 우주선 제작에 MS의 AR 기기의 홀로렌즈를 사용하였다. 록히드마틴의 우주 분야에서는 5년 전부터 여러 가지 증강현실 활용 방법을 연구하고 실험하였다. 최근에 화성 여행을 목적으로 제작하고 있는 오리온(Orion) 우주선 제작에 AR을 실험하기 시작하여, Drilling하는 시간을 8시간에서 45분으로 단축했다. 또한, Panel을 삽입하는 과정을 6주에서 2주로 단축하였다.

[36)]최근 한국항공우주산업과 레드 6 항공우주가 첨단 21세기 보안 역량을 갖춘 훈련 및 전투기를 개발하기 위한 파트너십을 발표했다. Red 6는 군사 공중전 훈련을 위한 증강 현실(AR) 기술을 개발하는 회사로, 록히드 마틴 Ventures 포트폴리오에 속하고 있다. 이번 파트너십은 Red 6의 AR 플랫폼인 ATARS(Airborne Tactical Augmented Reality System)를 록히드 마틴의 항공기인 TF-50와 그 변형 모델에 적용하고, 항공 훈련 및 작전 시에 새로운 기능과 기술을 제공한다.

ATARS 시스템은 조종사와 지상 운영자에게 실시간 합성 위협 정보를 제공하며, 실제 항공 환경에서 상호 작용할 수 있는 능력을 제공한다. 록히드 마틴은 이 기술을 TF-50 및 그 변형 모델뿐만 아니라 F-16, F-22, F-35와 같은 기타 전투기 플랫폼에도 적용할 계획이라고 밝혔다.

이러한 협력을 통해 록히드 마틴은 항공 훈련과 운영에서 디지털 기술을 적극적으로 활용하고, 고객의 요구에 부응하는 높은 수준의 기능과 안전성을 제공하기 위한 발전을 달성하고자 한다. Red 6와의 파트너십은 협력적 개방형 아키텍처를 활용하여 더욱 개선된 항공 운영 환경을 구축할 것으로 기대된다.

※ 출처: THE WALL STREET JOURNAL(2018.8.1.). "Lockheed Martin Deploys Augmented Reality for Spacecraft Manufacturing" [37)]

[그림 28] 록히드마틴 AR 사례

---

36) auganix, 록히드 마틴, Red 6의 증강 현실 플랫폼을 TF-50 항공기에 도입, 2023
37) 출처 : PTC, "Volvo Group Delivers Digital Thread Through Lens of Augmented Reality"

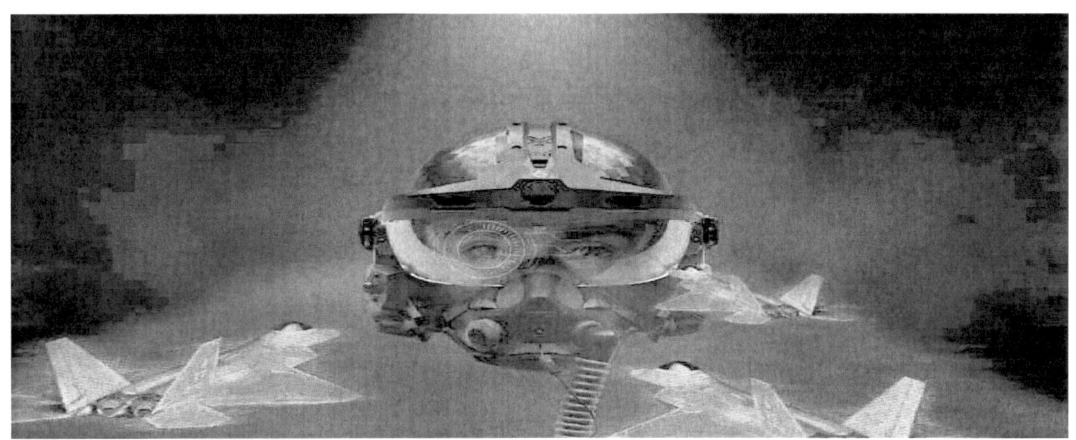

[그림 29] 록히드마틴 AR 사례2

4) 포르쉐[38]

포르쉐는 현장 서비스의 업무 효율을 높이기 위해 AR 기술을 사용하였다. 2018년에는 고객 서비스 혁신하기 위해서 미국의 189개 딜러들과 Atheer 솔루션을 실시간 원격지원 서비스에 활용한 "Tech Live Look"이라는 서비스 시스템을 발표했다. 원격에 있는 숙련 기술자로부터 딜러의 서비스 기술자가 실시간 원격지원을 통하여 수리가 가능해져 원거리 간 커뮤니케이션에 드는 비용이나 숙련 기술자 출장 시간을 단축하여 업무 효율을 향상시켰다. 이러한 시스템을 통해 포르쉐는 서비스를 해결하는데 걸리는 시간을 최대 40%까지 단축 가능하다고 하였다

---

38) Embracing the Future of Automotive Service - Powering Porsche Cars North America with HoloLens 2 and Dynamics 365 Mixed Reality Apps, linkedin, 2023.04

5) 보더폰

영국은 보더폰(Vodafone)에서 5G를 활용한 홀로그램 영상 콜이 2018년에 시연하였다. MS의홀로렌즈 헤드셋을 착용한 후 5G 네트워크를 연결하여 300km 정도 떨어진 장소에서 라이브로 영상 통신을 시험적으로 상연하였고, 추적으로 영국 내에 있는 7개 도시에서 시험적으로 상연 할 예정이다.

[그림 30] 보더폰 5G 홀로그램 영상콜 시연 장면

---

39) Vodafone UK(2018.9.20.), "Vodafone UK conducts first holographic call using 5G in live test"

06

6. 실감콘텐츠 산업 동향

가. 산업 유형 발전순

콘텐츠 제작 및 재생 기술의 발전에 따라 사용자의 오감과 감성을 만족시키는 체감·체험적 실감 콘텐츠와 미디어가 확산되고 있다. 증강현실(AR), 가상현실(VR), 홀로그램 등 사실감, 현장감 및 몰입감을 추구하는 실감미디어기술이 지속적으로 발전 중에 있으며 통신사들이 5세대 통신(5G) 킬러 콘텐츠로 가장 중요하게 생각하는 분야도 가상현실(VR)과 증강현실(AR)이 결합된 실감콘텐츠와 미디어이다.

실감 콘텐츠 기술은 사용자의 시점을 가상의 영역으로 확장하고, 경험을 고도화 하여, 사용자가 능동적으로 참여할 수 있도록 했다. 이러한 실감 콘텐츠 제작을 위해서는 컴퓨터그래픽스, 컴퓨터비전, 다면영상 등 실감 솔루션 기술이 요구된다. 실감 솔루션의 진정한 활용을 위해서는 대용량 데이터를 고속 처리하기 위한 렌더링 성능 향상, 사람/사물의 움직임 또는 상세 표정 등의 고품질 3차원 복원, 고해상도 360°영상을 위한 시스템 개발, 데이터 압축 및 전송 문제 해결 등이 필요하다.

① 증강현실

AR용 디스플레이는 HUD(Head Up Display) 및 안경 형태의 글래스가 주를 이루고 있으나, 아직은 상용화 초기 단계로 본격적인 시장 형성은 5년 이상 소요될 것으로 예상된다. AR은 소매, 마케팅, 광업, 엔지니어링, 건설, 에너지 및 유틸리티, 자동차, 물류, 제조, 건강관리, 교육, 고객 지원 및 현장 서비스를 비롯한 다양한 시장에 광범위하게 적용 가능하다. 그러나 투명 디스플레이 개발 지연, 배터리 수명 제약, HMD(Head mounted Display)의 프로세서 제약과 같은 기술적 문제가 소비자와 기업 모두에게 광범위한 AR 활용을 제한하였다.

실감콘텐츠 제작을 위한 범용 소프트웨어 기술 부족으로 증강현실용 게임, 영화, 음악 등은 처음부터 AR을 위해 구상되고 구축되어야 할 필요성이 생겼다. (가상현실) '80년대 군사용에서 출발한 VR은 '10년 이후 ICT 대기업들의 적극적인 진입에 대한 기대감이 확산되고 있으나, 여전히 상용화 초기 단계로 본격격인 시장 형성은 2~5년이 더 필요할 것으로 전망된다.

② 가상현실

VR은 엔터테인먼트 및 게임 이외에, 군용 훈련 및 시뮬레이션, 산업현장에서도 많은 인기를 얻고 있어 큰 성장이 예상된다. VR 콘텐츠 제작을 위해서는 360° 카메라, 컴퓨터 그래픽 및 고급 포토 리얼리스틱 카메라 등의 소프트웨어와 하드웨어가 필요하고, 또한 360° 비디오를 비롯한 VR 콘텐츠 재생을 위해서도 응용 프로그램이 사용되는데 이는 고가의 비용을 수반한다. 또한 VR 시스템의 부족한 성능으로 디스플레이의 대기 시간 문제와 높은 에너지 소비로 인한 추가 비용이 발생할 수 있다.

③ 홀로그램

위조방지 등에 아날로그 홀로그램이 널리 활용되고 있으며, 디지털 홀로그램은 아직 전 세계적으로 기술태동 시기로 본격적인 상용화 시기까지는 10년 이상의 시간이 필요할 것으로 전망된다. 홀로그램은 현재 의료, 광고, 금융 및 교육 분야에서 사용되고 있으며, 자동차, 게임, 소매 및 항공 우주 및 방위 산업과 같은 여러 분야로 확산이 예상된다.

디지털 홀로그램의 현재 기술 수준은 손톱만한 크기의 영상을 공간 상 한 점에서 볼 수 있는 정도로 아날로그 홀로그램에 비해 화질이 매우 낮고 시야각도 매우 협소한 수준에 불과하다. 디지털 홀로그램이 기대하는 궁극의 실감 영상 기술로 발전하기 위해서는 광학 소자 기술의 급속한 발전, 실제와 동일한 3D 영상 데이터를 담은 CGH(Computer Generated Hologram)의 실시간 생성, 방대한 계산량 처리 및 고속화 그래픽 프로세싱 알고리즘 개발 등이 필요하다. 이 외에도 디지털 콘텐츠를 사실감과 현장감 있게 시각화하는 기술로, 컴퓨터그래픽(CG), 실시간 렌더링, 컴퓨터 비전, 360°/다면영상, 플렌옵틱 영상 등의 실감 솔루션이 존재한다.

④ 컴퓨터그래픽

실물과 구분하기 힘든 수준의 극사실적 영상 콘텐츠의 가상 모델 제작 및 서비스가 5년 이내 출현하고, 건축, 기계 설비 등 다양한 산업 분야에서 활용될 전망이다.

⑤ 실시간 렌더링

실사와 자연스럽게 결합하는 수준의 고품질 실시간 렌더링 기술이 요구되고 있으며 모바일로 활용 범위를 확대 중에 있다.

⑥ 컴퓨터 비전

센서 기술, 신호처리 기술, 깊이 추출 기술 등 3차원 획득 기술의 비약적 발전으로, 야외 환경에서도 깊이를 획득할 수 있으며, 사람이나 사물의 실제 움직임 또는 상세 표정을 보다 정확히 캡쳐가 가능하다.

⑦ 360°/다면영상

VR, 자율주행자동차, 드론 등 다양한 분야에 응용되고, 일반 사용자들도 손쉽게 사용할 수 있는 360° 카메라는 이미 상용화되어 있으며, 방송 및 영화 수준의 고품질 촬영 시스템 개발과 이를 기반으로 한 서비스가 출시될 전망이다.

⑧ 플렌옵틱

실제 공간에서 물체들을 사실적으로 묘사하는데 적합한 플렌옵틱 영상이 향후 5~7년 이내 시제품으로 출시될 전망이다.

07

실감콘텐츠 시장 현황 및 전망

7. 실감콘텐츠 시장 현황 및 전망

가. 국외동향40)

1) 디지털콘텐츠

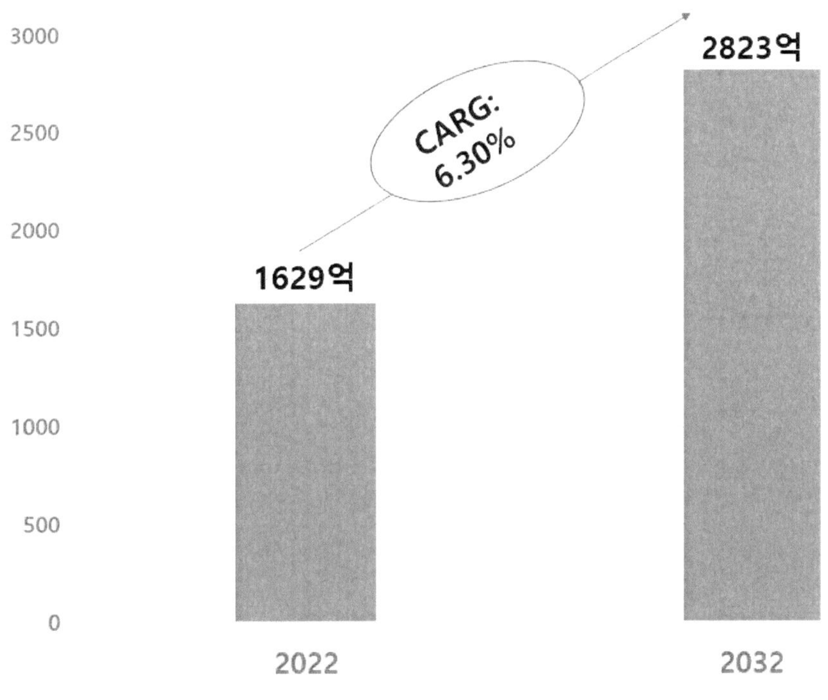

[그림 31] 세계 디지털 콘텐츠 현황

2022년, 글로벌 디지털 콘텐츠 시장은 약 1,629억 달러의 규모를 나타냈다. 이 산업은 2023
년부터 2032년까지 연평균 복합 성장률(CAGR) 6.30%로 성장하여 2032년에는 2,823억 달러
로 규모가 커질 것으로 예측된다. 이러한 성장에 영향을 미치는 주요 동인은 다양한 측면에서
나타나고 있다.

디지털 혁신은 모든 산업 분야에서 발생하며, 디지털 콘텐츠 시장의 CAGR 성장을 촉진하는
핵심 요소 중 하나다. 미디어, 엔터테인먼트, 통신, 교육 등 여러 산업에서 디지털 트랜스포메
이션을 경험하고 있으며, 이로써 시장은 확장되고 있다.

또한, 4G와 5G 기술의 진보로 인해 최종 사용자들은 고속 인터넷을 더욱 쉽게 이용할 수 있
게 되었다. 이러한 통신 기술의 발전은 고객들의 선호도를 바꾸고, 신기술의 도입을 가속화시
켰습니다. 고속 광대역과 디지털 모바일 광고의 도입으로 새로운 기능들이 가능해졌고, 디지
털 콘텐츠 플랫폼을 통해 노트북, 데스크톱 컴퓨터, TV 등을 활용하여 인터넷 비디오를 시청

---

40) 2020년 국외 디지털콘텐츠 시장조사 및 동향 심층분석, SPRI, 2021.03

할 수 있게 되었다. 교육 분야에서도 디지털화가 진행되며, 온라인 교육을 통한 유료 구독을 촉진하기 위해 최첨단 데이터베이스와 온라인 플랫폼의 접근성이 중요한 역할을 하고 있다.

이러한 발전은 디지털 콘텐츠 산업이 조직의 수직 및 수평 시스템을 통합하는 데 도움을 주고 있다. 전반적으로, 디지털 콘텐츠 시장은 디지털 혁신과 기술의 진보를 통해 계속 성장하고 있다.

구분	2019	2020	2021	2022	2023	2024	CAGR
e-Book	39	41	42	46	48	50	4.8
디지털만화	9	9	10	11	12	13	8.1
디지털음악	19	22	25	26	28	29	9.0
디지털방송	423	405	423	439	449	463	1.8
디지털영화	45	16	28	37	39	40	-2.4
디지털광고	469	438	469	506	530	554	3.4
디지털게임	130	141	152	161	169	178	6.4
디지털 애니메이션	11	3	4	9	7	6	-10.6
디지털 정보콘텐츠	254	268	294	324	345	365	7.5
e-Learning	316	414	511	609	707	804	20.6
디지털 콘텐츠솔루션	328	359	406	455	489	521	9.7
디지털 커뮤니케이션	261	286	307	329	350	372	7.4
디지털 유통플랫폼	290	351	411	475	546	578	14.8
실감콘텐츠	14	20	35	53	71	89	44.7

[표 8] 세계 디지털콘텐츠 시장규모 및 전망 (단위: B$, %)

2023년 현재, 디지털 콘텐츠 시장은 총 14가지 다양한 장르로 구성되어 있다. 2019년을 기준으로 광고 시장이 18.0%로 가장 높은 점유율을 보였으며 시장을 선도했다. 방송 시장이 16.2%로, 콘텐츠 솔루션 시장이 12.6%로 뒤를 이었다. 그러나 코로나19로 인한 교육 분야의 디지털화가 가속화되면서, 2024년에는 디지털 교육 시장의 점유율이 7.7%포인트 확대되어 19.8%를 기록할 것으로 전망된다. 이로써 교육 시장이 시장 내에서 가장 큰 비중을 차지하게 될 것으로 예상된다.

2023년을 기준으로 디지털 콘텐츠 시장은 글로벌 콘텐츠 시장을 주도하는 북미 지역이 37.9%의 점유율로 가장 큰 비중을 차지하고 있다. 이 지역은 안정적인 성장세를 유지하고 있으며, 향후 5년 동안도 안정적인 성장이 예상되고 있다. 아시아·태평양 지역은 2019년 2위를 차지하고 있으며, 중국, 일본, 한국을 비롯한 주요 콘텐츠 산업 국가들과 함께 빠르게 성장하고 있는 인도 및 동남아시아 국가들이 포함되어 있다. 이 지역은 2024년까지 점유율을 확대하여 35.4%로 선두를 탈환할 것으로 예상된다.

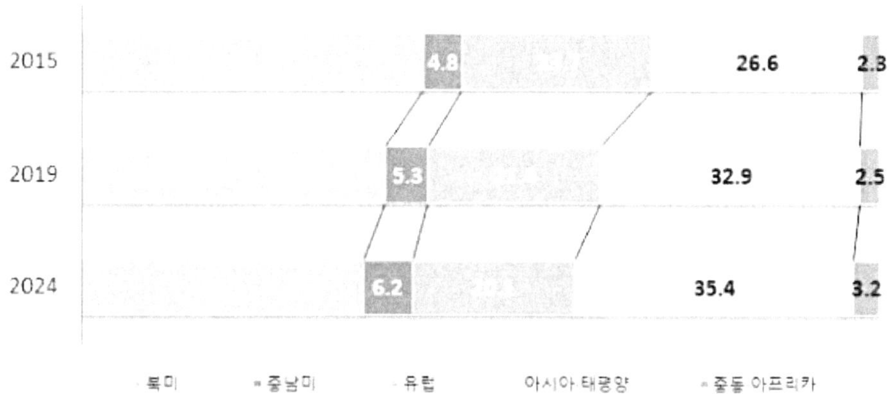

[그림 32] 권역별 디지털콘텐츠 시장 비중, 2015 vs. 2019 vs. 2024(단위: %)

구분	2019	2020	2021	2022	2023	2024	CAGR
북미	8,673	8,954	9,887	10,899	11,687	12,464	7.5
중남미	1,210	1,355	1,570	1,797	2,010	2,206	12.8
유럽	4,902	5,079	5,628	6,215	6,700	7,153	7.8
아시아·태평양	7,529	8,160	9,353	10,539	11,707	12,581	10.8
중동·아프리카	578	682	801	924	1,039	1,150	14.7

[표 9] 권역별 디지털콘텐츠 시장규모 및 전망 (단위: .B$, %)

가) 권역별 동향
(1) 북미 지역[41]

북미 지역의 디지털 콘텐츠 시장은 2022년부터 2028년까지 예상되는 기간 동안 CAGR 12.5%의 시장 성장을 경험할 것으로 전망된다.

디지털 콘텐츠 제작용 소프트웨어는 디지털 자료의 개발, 출판, 그리고 사용자 배포를 효과적으로 지원한다. 디지털 콘텐츠 개발은 운영 비용 절감, 높은 투자 수익률, 간편한 측정과 조정, 브랜드 확장, 잠재 고객의 세분화, 정교한 타겟 마케팅, 그리고 기업 운영에 대한 집중력 증대와 같은 다양한 이점을 제공합니다. 이에 더해, 사용자와 상호 작용할 수 있는 기술을 통해 브랜드 확장성을 향상시킬 수 있다.

북미 지역의 디지털 콘텐츠 시장을 확대하는 주요 요인은 IT 지출 증가, 인공지능(AI) 활용, 클라우드 컴퓨팅 적용 등이 있다. 또한, 데이터 저장 비용의 하락, 전자상거래 플랫폼의 확장 등 다른 이유로 인해 디지털 콘텐츠 제작에 대한 수요가 증가할 것으로 예상된다. 디지털 경제는 기업의 경쟁력을 크게 향상시키며, 특히 새로운 기술 모델을 도입하여 디지털 콘텐츠 개발이 사용자 전략과 성장에 중요한 부분이 되는 기업들은 디지털 혁신을 통해 경쟁력을 강화하고 있다. 또한, 인터넷 사용자를 모으고 유지하는 데 인터넷과 디지털 마케팅이 크게 의존되고 있다.

팬데믹으로 인한 영향으로 북미 지역에서의 장기적인 디지털 전환 이니셔티브가 빠르게 진행되었다. 이로 인해 기업들은 첨단 기술을 빠르게 채택하고, 고객 상호작용을 위한 디지털 플랫폼을 적극적으로 도입하고 있다. 또한, 캐나다의 IT 산업은 국제 무역에서 중요한 역할을 하며, 2021년에는 375억 달러의 수입과 77억 달러의 수출을 기록하였으며, 캐나다 ICT 제품 수출의 주요 시장은 미국으로, 중국에 이어 두 번째로 큰 시장이다. 또한, 디지털 콘텐츠 관리와 제작을 위한 플랫폼에 대한 투자도 증가하고 있습니다. 이러한 이유로 북미 지역의 디지털 콘텐츠 제작 산업은 성장이 예상되고 있다.

미국 시장은 2021년에 북미 디지털 콘텐츠 제작 시장을 석권하였으며, 2028년까지 계속해서 지배적인 시장으로 예상된다. 이에 따라 2028년까지 12,572.2백만 달러의 시장 가치를 달성할 것으로 예측된다. 캐나다 시장은 2022년부터 2028년까지 CAGR 15%로 성장할 것으로 예상되며, 멕시코 시장은 동일 기간 동안 14%의 CAGR을 보일 것으로 전망된다.

시장은 도구 및 서비스를 기반으로 분류되며, 형식에 따라 비디오, 그래픽, 텍스트, 그리고 오디오로 분류된다. 또한, 배포 방식에 따라 클라우드와 온프레미스로 구분되며, 조직 규모에 따라 대기업과 중소기업으로 분류된다. 또한, 시장은 소매 및 전자 상거래, 의료, 미디어 및 엔터테인먼트, 자동차, 여행 및 관광과 같은 다양한 수직 시장으로 나누어지며, 국가별로 미국, 멕시코, 캐나다, 그리고 북미 지역의 다른 지역으로 구분된다.

---

41) North America Digital Content Creation Market Size, Share & Industry Trends Analysis Report By Component, By Format , kbvresearch, 2022+2028

(2) 중남미 지역

[42]중남미 지역에서의 디지털 혁신은 놀라운 성장을 지속하고 있다. PER Market Research의 보고서에 따르면, 이 지역의 디지털 혁신 시장은 2032년까지 연평균 성장률(CAGR) 15.13%를 기록하여 2,078억 7천만 달러에 도달할 전망이다. 라틴 아메리카는 세계에서 가장 빠르게 성장하는 디지털 혁신 지역 중 하나로 떠오르고 있다. 이 성장은 여러 요인에 기인하며, 그 중 주요한 것은 클라우드 기반 솔루션의 확대, 자동화 및 인공 지능 기술에 대한 수요 증가, 전자 상거래 및 디지털 마케팅 분야에서의 발전 등이 있다.

라틴 아메리카 지역에서 디지털 혁신은 주로 브라질, 멕시코, 콜롬비아 등 신흥 경제국에서 주도되고 있다. 특히, 브라질은 클라우드 컴퓨팅, IoT, 그리고 인공지능과 같은 디지털 기술을 도입하는 기업들이 급증함으로써 디지털 혁신의 선두주자가 되었다.

멕시코는 또 다른 중요한 시장으로, 이 지역에서 디지털 혁신을 주도하고 있다. 멕시코는 인구가 많고 기술 산업이 성장하고 있으며, 의료, 소매, 금융 분야를 포함한 다양한 부문에서 디지털 기술의 채택을 촉진하고 있습니다. 이로 인해 중남미 지역은 실감콘텐츠 및 디지털 콘텐츠 분야에서 빠르게 발전하고 있으며, 미래에도 이러한 성장이 지속될 것으로 전망된다.

구분	2019	2020	2021	2022	2023	2024	CAGR
e-Book	463	516	563	621	671	717	9.1
디지털만화	7	8	9	10	11	11	9.1
디지털음악	704	855	975	1,061	1,132	1,177	10.8
디지털방송	22,044	20,899	22,069	23,406	24,903	25,576	3.0
디지털영화	2,537	788	1,441	2,069	2,190	2,317	-1.8
디지털광고	15,332	13,864	14,621	15,943	16,970	17,662	2.9
디지털게임	2,433	2,791	3,129	3,401	3,666	3,926	10.0
디지털 애니메이션	610	164	221	471	376	359	-10.0
디지털 정보콘텐츠	9,518	10,904	12,885	14,399	15,873	17,239	12.6
e-Learning	38,629	51,337	64,045	76,753	89,460	102,168	21.5
디지털 커뮤니케이션	22,646	25,336	27,265	29,419	31,360	33,414	8.1

---

42) linkedin, Latin America Digital Transformation Market 2023

| 디지털
유통플랫폼 | 5,809 | 7,601 | 8,953 | 10,789 | 12,466 | 13,455 | 18.3 |
| 실감콘텐츠 | 300 | 455 | 845 | 1,341 | 1,925 | 2,593 | 53.9 |

[표 10] 중남미 디지털콘텐츠 시장규모 및 전망 (단위: M$, %)

(3) 유럽 지역

EU의 '디지털단일시장 내 저작권 및 저작인접권 관련 지침' 승인으로 저작권 보호가 강화되는 가운데 모바일라이프 확산, 디지털콘텐츠 유통 플랫폼 다양화, 전자상거래 활용 증가, 디지털콘텐츠 소비 연령대 확대 등의 영향으로 유럽 지역의 디지털콘텐츠 시장은 2019년 4,351억 1,800만 달러의 시장규모를 기록했다. 향후 유럽은 5G 네트워크 보편화, 클라우드 기반의 디지털콘텐츠 구독서비스 확대, 예술·문화·미디어 산업의 대규모 지원책 마련, 디지털부가세 인하 등으로 온라인 및 모바일을 기반으로 한 디지털콘텐츠 소비가 확대되며 2024년에는 연평균 8.5% 성장한 6,553억 1,300만 달러의 시장규모를 기록할 전망이다.

구분	2019	2020	2021	2022	2023	2024	CAGR
e-Book	9,797	10,198	10,721	11,783	12,468	13,098	6.0
디지털만화	284	295	311	341	361	379	6.0
디지털음악	4,855	5,808	6,449	6,933	7,883	7,719	9.7
디지털방송	103,298	98,802	103,348	106,364	107,915	109,499	1.2
디지털영화	10,325	4,316	6,821	8,821	9,281	9,531	-1.6
디지털광고	96,629	88,675	95,253	102,188	106,653	110,963	2.8
디지털게임	30,266	32,925	35,674	37,786	40,017	42,117	6.8
디지털 애니메이션	2,481	898	1,048	2,009	1,594	1,478	-9.8
디지털 정보콘텐츠	65,288	67,955	72,379	78,774	81,886	86,058	5.7
e-Learning	64,600	83,376	102,152	120,928	139,704	158,481	19.7
디지털 커뮤니케이션	57,250	56,777	60,936	62,529	66,574	69,315	3.9
디지털 유통플랫폼	41,647	52,905	59,077	70,131	78,714	84,437	15.2
실감콘텐츠	3,506	4,972	8,611	12,931	17,464	22,199	44.6

[표 11] 유럽 디지털콘텐츠 시장규모 및 전망 (단위: M$, %)

2023년은 유럽연합의 디지털 정책 분야에서 중요한 전환점이 되고 있다. DMA(디지털 시장법) 및 DSA(디지털 서비스법)와 같은 주요 법률의 적용이 시작되며, 이러한 규정은 모든 EU 회원국에 단계적으로 적용된다.

[43]디지털 시장법(DMA)은 디지털 경제에서 경쟁을 촉진하고 "게이트키퍼"라 불리는 기업들의 지배적인 위치를 오용하는 것을 방지하기 위해 도입되었다. DMA는 이미 2022년 11월에 발효되어 2023년 5월 2일에 적용되었다. 현재 7개 회사가 "게이트키퍼"로 지정되었으며, 이들은 2024년 3월 6일까지 DMA의 의무를 준수해야 한다. DMA는 다양한 규칙을 포함하며, 이를 통해 다른 기업과의 상호 운용성을 증진하고 비즈니스 사용자의 권리를 강화하는 등의 목표를 달성한다.

디지털 서비스법(DSA)는 온라인 환경에서 안전성을 강화하고 유해한 콘텐츠를 처리하기 위한 규정을 제공한다. 2022년 11월에 발효된 DSA는 2023년 8월 25일부터 "VLOP(Very Large Online Platforms)" 및 "VLOSE(Very Large Online Search Engines)" 제공업체에 의무적으로 적용됩니다. DSA는 불법 콘텐츠에 대한 신고 절차, 투명성 증가, 그리고 유해한 콘텐츠에 대한 대규모 플랫폼의 정기적인 평가 등을 요구한다.

또한 네트워크 및 정보 시스템 보안에 관한 지침이 개정되어 사이버 보안 요구 사항이 강화되며, 이는 대기업과 중소기업 모두를 대상으로 합니다. 새로운 지침은 2023년 1월에 발효되어 모든 EU 회원국의 국내법으로 적용될 예정이다.

인공지능(AI)법은 고위험 AI를 다루고 있으며, 데이터 품질, 투명성, 인간의 감독, 정확성, 보안 등에 대한 규정을 제공한다. 고위험 AI 개발자는 품질 관리 및 위험 평가 시스템을 마련하고 적합성을 평가해야 합니다. 또한 특정 유형의 기술 사용이 제한되거나 금지된다.

디지털 신원 시스템은 EU 시민들이 전자적으로 신원을 확인하고 다른 EU 회원국의 공공 서비스와 상호 작용할 수 있도록 하는 프레임워크를 제공합니다. 이 프레임워크는 학업 자격, 은행 정보, 운전 면허증 등을 인정하여 다른 회원국에서의 작업을 간편화한다.

칩법(Chips Act) 및 칩 도구 상자는 반도체 생산을 촉진하고 공급 보안을 강화하기 위한 조치를 제공한다. 이러한 이니셋브는 EU와 민간 부문의 자금을 활용하여 기술 혁신과 생산 능력을 지원하려는 목적이다.

데이터법(DA)와 데이터 거버넌스법(DGA)는 데이터 접근성, 교류 및 이동을 향상시키고 데이터의 엔터프라이즈를 지원한다.

이러한 법률 및 규정의 도입은 디지털 경제 및 사회에 큰 영향을 미치며, 기업과 시민들은 이러한 변화에 대한 준비를 하고 적용을 준수해야 한다. 또한 규제의 변화에 대한 최신 정보를 갖추고 지역 규제 기관과 상담하는 것이 중요하다.

---

43) 2023년 유럽 디지털 어젠다, iiea, 2023.08

(4) 아시아·태평양

44)아시아 태평양(APAC) 지역은 2023년부터 2030년까지 가장 높은 CAGR(년평균 성장률)을 기록한 지역 중 하나다. 이 지역은 모바일 장치 시장의 확대, 인터넷 연결 및 클라우드 컴퓨팅 기술의 활용으로 기술 분야에서 급속한 발전을 겪고 있다. 뿐만 아니라, APAC 지역의 정부 기관들은 디지털 혁신이 경제 성장, 안정성, 그리고 경쟁력 향상에 기여한다는 인식을 갖고 있으며, 디지털 혁신을 촉진하기 위한 인센티브를 제공하고 지역의 디지털 인프라에 투자하는 정책을 시행하고 있다.

디지털 혁신은 AI(인공지능), ML(기계 학습), 클라우드 컴퓨팅, 빅데이터 및 분석, 모빌리티, 그리고 소셜 미디어 관리와 같은 최첨단 디지털 기술을 비즈니스의 다양한 측면에 통합하여 운영 효율성을 높이고 향상된 가치를 제공하는 것을 의미한다.

디지털 혁신의 성장 동인으로는 빅 데이터 및 관련 기술의 채택이 증가하고 있으며, 기계 학습 및 디지털 혁신의 부상이 주목받고 있다. 또한, 클라우드 기반 디지털 혁신 솔루션은 비용 효율적인 장점을 제공하고 있으며, 모바일 장치와 앱의 급속한 보급으로 인해 디지털 이니셔티브의 채택과 확장이 이루어지고 있다.

그러나 디지털 혁신은 예측 모델 재구성, 데이터 보안 문제, 개인 정보 보호, 그리고 정보 보안과 관련된 문제로 인해 시간이 많이 소요되는 경우도 있다. 이러한 지역 데이터 규정의 변화는 디지털 혁신에 제약을 가하는 요소 중 하나로 작용하고 있다.

---

44) APAC logs highest digital transformation market size growth, futurecio, 2023

구분	2019	2020	2021	2022	2023	2024	CAGR
e-Book	8,412	8,957	9,276	10,021	10,527	10,997	5.5
디지털만화	2,666	3,488	4,261	5,290	6,338	7,650	23.5
디지털음악	4,037	4,783	5,254	5,579	5,929	6,191	8.9
디지털방송	109,523	109,220	115,195	122,374	128,577	135,541	4.4
디지털영화	19,272	5,932	11,309	15,258	15,823	16,353	-3.2
디지털광고	154,775	148,227	158,446	172,882	183,283	193,262	4.5
디지털게임	65,281	70,876	76,475	80,303	84,036	87,842	6.1
디지털 애니메이션	4,631	1,235	1,737	3,476	2,718	2,535	-11.4
디지털 정보콘텐츠	51,043	56,777	67,968	75,526	84,228	90,758	12.2
e-Learning	59,379	80,368	101,357	122,346	143,335	164,324	22.6
디지털 커뮤니케이션	83,010	100,601	108,370	120,363	128,339	138,463	10.8
디지털 유통플랫폼	184,390	216,202	258,887	294,817	342,714	360,079	14.3
실감콘텐츠	6,469	9,383	16,810	25,625	34,848	44,120	46.8

[표 12] 아시아·태평양 디지털콘텐츠 시장규모 및 전망 (단위: M$, %)

(5) 중동·아프리카 지역[45]

중동 및 북아프리카(MENA) 지역의 디지털 경제는 현재 높은 모바일 및 인터넷 보급률, 역동적이며 기술에 정통한 인구, 그리고 정부의 열린 디지털 혁신을 뒷받침으로 빠르게 성장하고 있다. 이 논문은 중동 지역의 디지털 경제에 대한 현재 상황과 미래 전망, 그리고 투자 기회에 대한 철저한 분석을 제시한다.

중동 지역의 디지털 경제는 빠른 속도로 성장하고 있으며, 이 성장은 다양한 요인들에 의해 견인되고 있다. 특히, 전자상거래는 중동 디지털 경제의 중요한 성장 동력 중 하나로 부상하고 있으며, PwC Middle East의 보고서에 따르면, 2018년에 269억 달러에서 2022년에는 488억 달러로 성장할 것으로 예상됩니다. UAE와 사우디아라비아는 이 지역에서 가장 큰 전자상거래 시장으로 꼽히고 있다.

또한, 중동 지역에서는 인공지능(AI), 사물인터넷(IoT), 클라우드 컴퓨팅과 같은 디지털 기술의 도입이 급속히 증가하고 있다. MarketsandMarkets의 예측에 따르면, 중동 및 아프리카(MEA) 클라우드 컴퓨팅 시장은 2022년까지 314억 달러에 도달할 것으로 예상되며, MEA IoT 시장도 2017년에 52억 달러에서 2023년까지 177억 달러로 성장할 전망이다.

또한, 중동 지역의 디지털 경제는 미래에도 끊임없이 성장할 것으로 전망된다. McKinsey & Company의 보고서에 따르면, 이 지역은 전자상거래, 디지털 미디어, 핀테크, 의료 기술 분야에서 가장 유망한 성장 가능성을 가진 지역 중 하나로 꼽히며, 중동 및 북아프리카(MENA) 지역의 디지털 경제가 2025년까지 2,000억 달러 규모로 성장할 것으로 예상되고 있다.

중동 지역은 투자자들에게 상당한 투자 기회를 제공하고 있으며, 전자상거래, 디지털 기술, 핀테크는 가장 유망한 투자 분야 중 하나다. 특히 UAE, 사우디아라비아, 이집트는 정부의 지원 정책과 유리한 비즈니스 환경으로 인해 투자자들에게 큰 매력을 뽐내고 있습니다. Magnitt의 보고서에 따르면, UAE와 사우디아라비아는 2020년 중동 전체 스타트업 자금의 75%를 차지하였으며, 다양한 부문에서 성장 잠재력이 뚜렷하게 나타나고 있다.

요약하면, 중동 및 북아프리카(MENA) 지역의 디지털 경제는 빠르게 성장하고 있으며, 이러한 성장은 전자상거래, 디지털 기술, 핀테크, 의료 기술과 같은 분야에서 뚜렷한 잠재력을 가지고 있습니다. 따라서 고성장 기회를 찾는 투자자들은 중동 지역을 신중히 고려해야 한다.

---

45) Digital economy in middle east, https://wiipa.org/, 2023

2) 실감콘텐츠 시장

2023년, 실감콘텐츠 시장은 여전히 독특한 특징을 가지고 성장하고 있다. 여러 요인이 이 성장을 견인하고 있으며, 지난 해와 비교하여 몇 가지 변화가 있다

과거에는 구글의 VR 사업 철수와 같은 일부 부정적인 요인이 있었지만, 현재는 Oculus Quest와 같은 독립형 VR HMD의 성공으로 이러한 플랫폼에 대한 수요가 증가하고 있다. 또한, Viveport Infinity와 같은 VR 콘텐츠 구독 서비스의 출시로 사용자들은 다양한 콘텐츠에 쉽게 액세스할 수 있게 되었다.

비즈니스용 AR 글라스 또한 Magic Leap, Google 및 기타 기업에 의해 다양화되어, 비즈니스 및 기업 환경에서의 활용 가능성이 높아졌다. 이는 실감콘텐츠 시장의 성장에 긍정적인 영향을 미쳤다.

스마트폰 AR 시장은 계속해서 성장하며, 이제는 틱톡과 같은 플랫폼이 이 영역에서 중요한 역할을 하고 있다.

또한, 응용산업에서는 VR/AR 및 홀로그램 기술의 확대적인 적용이 이루어지고 있으며, 이로 인해 시장은 더욱 다양화되고 성장하고 있다. 특히, 자동차 및 헬스케어 산업에서 VR/AR, 홀로그램 기술의 활용에 대한 관심이 높아지고 있다.

5G 네트워크의 상용화로 클라우드 기반의 실감콘텐츠 서비스가 확대될 것으로 예상되며, 이는 더욱 풍부한 콘텐츠와 향상된 경험을 제공할 것으로 보인다.

요약하면, 현재의 실감콘텐츠 시장은 여전히 높은 성장률을 유지하고 있으며, VR, AR 및 홀로그램 기술의 혁신은 이 성장을 촉진하고 있다.

구분	2019	2020	2021	2022	2023	2024	CAGR
하드웨어	602	1,326	2,625	5,672	10,484	14,779	89.7
게임	1,901	2,664	3,732	5,006	6,629	8,800	35.9
테마파크	-	-	-	285	350	430	22.8
eCommerce	712	1,491	2,949	4,555	6,423	9,027	66.2
광고	1,632	2,390	3,754	6,611	8,942	11,100	46.7
기업용	671	1,508	2,702	3,913	5,476	7,272	61.0
Social	10	25	52	91	154	249	90.0
비디오	6	15	32	56	95	154	89.8
기타	511	847	1,337	2,078	2,931	3,934	50.4
전체	6,046	10,266	17,184	28,267	41,484	55,745	55.9

[표 13] 세계 실감콘텐츠 시장규모 및 전망 - AR (단위: M$, %)

구분	2019	2020	2021	2022	2023	2024	CAGR
하드웨어	2,733	3,128	5,846	7,403	8,368	9,403	28.0
게임	1,680	2,379	4,983	6,868	8,412	9,929	42.7
테마파크	248	113	194	820	863	894	29.2
기업용	473	606	1,594	2,434	3,267	3,733	51.2
Social	7	10	31	50	82	106	72.2
비디오	250	173	357	439	509	572	17.9
기타	455	626	1,524	2,331	3,008	3,512	50.5
전체	5,846	7,036	14,529	20,346	24,508	28,148	36.9

[표 14] 세계 실감콘텐츠 시장규모 및 전망 - VR (단위: M$, %)

구분	2019	2020	2021	2022	2023	2024	CAGR
하드웨어	1,496	1,831	2,165	2,601	3,075	3,455	18.2
소프트웨어	684	872	1,072	1,341	1,648	1,918	22.9
전체	2,180	2,703	3,236	3,942	4,723	5,373	19.8

[표 15] 세계 실감콘텐츠 시장규모 및 전망 - 홀로그램 (단위: M$, %)

2023년을 기준으로 살펴본 실감콘텐츠 시장에서, 2019년의 동향은 다음과 같다. 2019년에는 실감콘텐츠 시장에서 AR(43%)와 VR(41.5%)이 주요 경쟁 구도를 이루었으며, 홀로그램(15.5%) 분야가 이어졌다. 그러나 VR 분야는 판매량이 부진하고 킬러 콘텐츠 부족으로 인해 어려움을 겪었다. 이로 인해 최근에는 구글, 애플, 삼성전자와 같은 주요 기업 중 일부가 VR 사업을 철수하거나 투자를 줄이는 등의 조치를 취하고 있다.

한편, AR 글라스는 차세대 컴퓨팅으로 인식되며, 관련 콘텐츠에 대한 투자가 집중적으로 이루어지고 있다. 이로 인해 AR 분야는 2019년 대비 19.5% 성장하여 현재 2023년에는 시장의 62.5%를 차지하고 있으며, VR 분야는 2019년 대비 10% 감소하여 31.5% 수준에 머물고 있다.

요약하면, 현재(2023년 기준) 실감콘텐츠 시장에서는 AR이 중심으로 성장하고 있으며, VR 분야는 어려움을 겪고 있다. 이러한 추세는 시장의 재편화를 가속화할 것으로 전망된다.

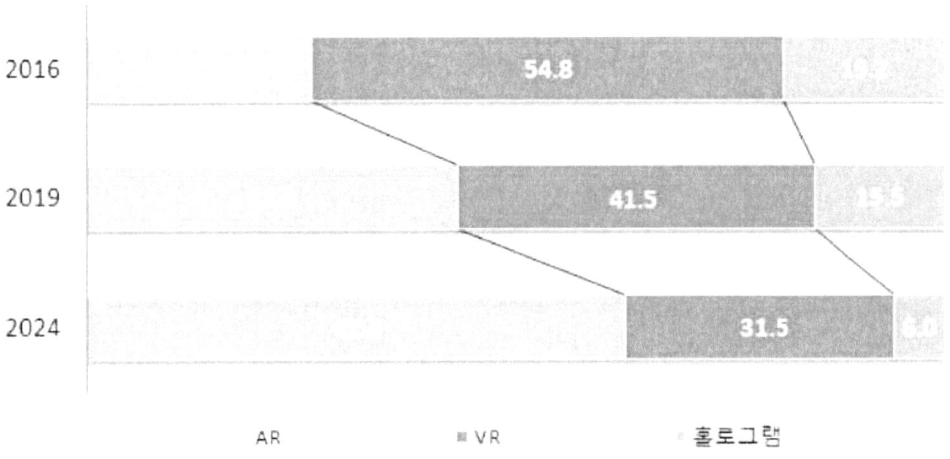

[그림 34] 세계 실감콘텐츠 시장 분야별 비중 비교 (단위: %)

2023년을 기준으로 살펴본 AR 시장에서, 2019년의 동향은 다음과 같다. 2019년에는 AR 시장이 'Pokémon Go'와 같은 게임을 중심으로 성장하였으나, 이후에는 킬러 콘텐츠 부재로 2016년 대비 28.2% 감소하여 31.4%로 대폭 축소되었다. 동시에 하드웨어 시장은 2019년에 9.9%에서 성장을 멈추었습니다. 그러나, 현재 2023년에서는 애플, 구글, 삼성, 페이스북과 같은 주요 글로벌 IT 기업들이 AR 글라스의 출시를 확대하고 B2B 시장 중심의 수요가 증가하면서 하드웨어 시장은 빠르게 성장하고 있다. 2024년에는 AR 시장에서 26.5%의 비중을 차지하며 시장을 선도할 것으로 전망된다.

요약하면, 현재(2023년 기준) AR 시장에서는 하드웨어 시장이 크게 성장하고 있으며, 킬러 콘텐츠와 함께 AR 시장이 활발하게 발전하고 있다. 이러한 동향은 AR 시장의 미래를 밝게 모색하게 한다.

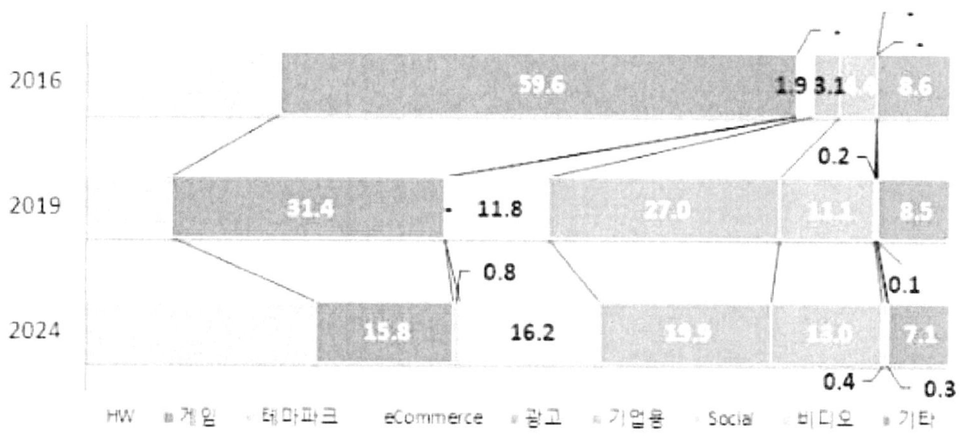

[그림 35] 세계 실감콘텐츠 시장 분야별 비중 비교 - AR (단위: %)

 2023년을 기준으로 살펴본 VR 시장에서, 2019년의 동향은 다음과 같다. 2019년에는 VR 시장이 VR헤드셋을 중심으로 하드웨어 시장이 46.8%의 비중을 차지하며, 게임(28.7%)과 소셜(7.8%)을 중심으로 구성되었다. 그러나 현재 2023년에서는 VR시장이 변화하고 있으며, VR헤드셋의 성능 개선과 5G 네트워크 상용화, VR콘텐츠의 증가, 클라우드 기반의 구독 서비스 확대, 관련 소비자의 증가로 인해 게임, 이커머스, 소셜 등의 응용 애플리케이션 시장이 중심으로 성장할 것으로 예측된다.

하드웨어 시장은 여전히 오큘러스 퀘스트2(Oculus Quest2)와 같은 독립형 HMD를 중심으로 하면서 기술 개선이 계속되지만, 성장은 제한적인 수준에 머무를 것으로 예상된다. 2019년 대비하여 13.4% 감소하여 33.4%에 그칠 것으로 전망됩니다. 반면, 응용 애플리케이션 시장은 5G 네트워크의 상용화 확대, VR콘텐츠의 증가, 클라우드 기반의 구독 서비스 확대로 게임 수요가 크게 증가할 것으로 예측되며, 2019년 대비하여 16.6% 증가한 35.3%의 비중을 차지하여 시장을 주도할 것으로 전망된다.

요약하면, 현재(2023년 기준) VR 시장에서는 응용 애플리케이션 시장이 중심으로 성장하고 있으며, 하드웨어 시장은 성장이 제한적인 상황입니다. 이러한 변화는 VR 시장의 향후 동향을 반영하고 있다.

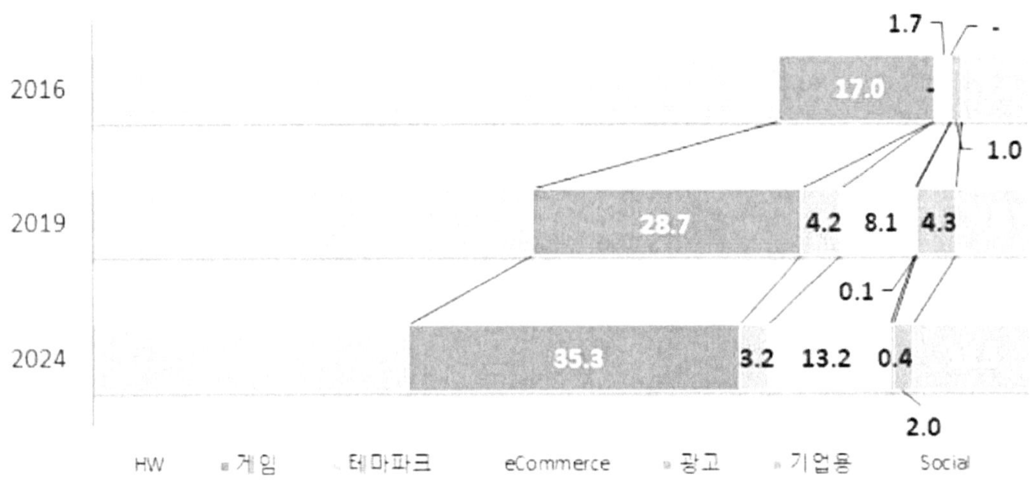

[그림 36] 세계 실감콘텐츠 시장 분야별 비중 비교 - VR (단위: %)

2023년을 기준으로 살펴본 홀로그램 시장에서, 2019년의 동향은 다음과 같다. 2019년에는 홀로그램 시장이 하드웨어가 68.6%로 시장을 주도하는 전형적인 하드웨어 중심의 구조를 보였으며, 소프트웨어는 31.4% 수준에 머무르는 모습을 보였다. 하지만 현재(2023년 기준) 홀로그램 시장은 변화가 예상되며, 2024년에도 하드웨어가 64.3%로 시장을 주도할 것으로 예상되나, 의료, 자동차 등의 응용 산업에서 홀로그램의 활용이 더욱 증가하면서 소프트웨어의 성장이 더욱 확대될 것으로 예측된다.

요약하면, 현재(2023년 기준) 홀로그램 시장에서는 하드웨어가 여전히 시장을 주도하고 있지만, 응용 산업에서의 홀로그램 활용이 증가함에 따라 소프트웨어 시장이 더욱 성장하고 있으며, 이러한 변화는 홀로그램 시장의 향후 동향을 반영하고 있다.

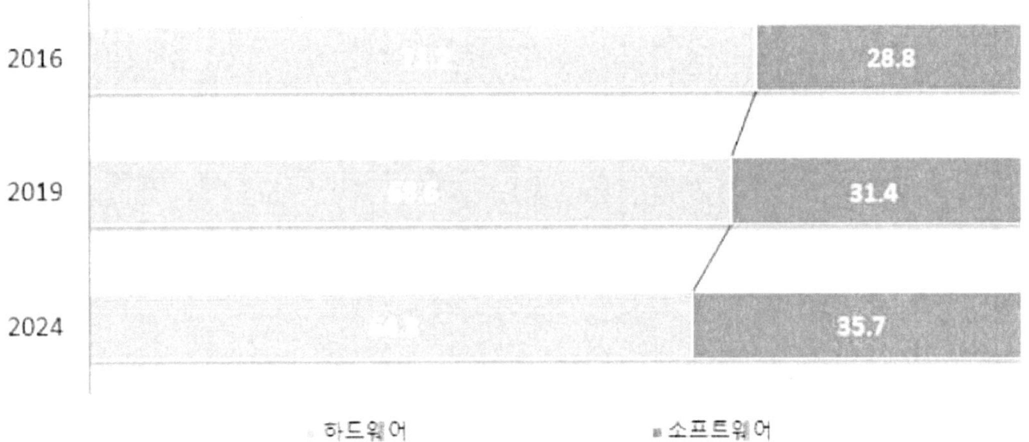

[그림 37] 세계 실감콘텐츠 시장 분야별 비중 비교 - 홀로그램 (단위: %)

가) 권역별 동향
(1) 북미 지역[46]

2014년부터 2019년까지, 북미 지역은 가상현실(VR) 및 증강현실(AR) 솔루션 시장에서 가장 높은 수익을 창출해왔으며, 2020년부터 2030년까지 상당한 성장이 예상되고 있습니다. 특히 미국은 다수의 시장 참여자로 인해 글로벌 리더로 떠오르며, 의료 및 전자 상거래 분야에서 VR 및 AR 기술의 적용이 늘어나고 있다. 예를 들어, 미국의 의료 영상 솔루션 제공업체인 AccuVein Inc.는 AR 기술을 활용하여 간호사와 의사가 환자의 정맥을 찾는 데 도움을 주고 있다.

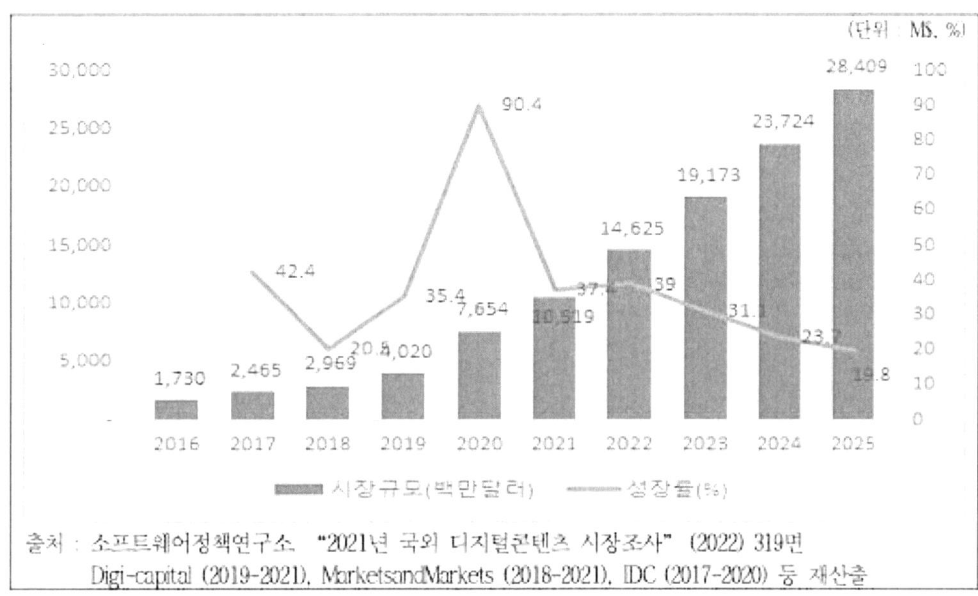

출처 : 소프트웨어정책연구소, "2021년 국외 디지털콘텐츠 시장조사" (2022) 319면
Digi-capital (2019-2021), MarketsandMarkets (2018-2021), IDC (2017-2020) 등 재산출

2020년에는 COVID-19의 영향으로 VR HMD(헤드 마운티드 디스플레이) 유통망 문제가 발생했지만, 홈 엔터테인먼트 시장의 급성장과 오큘러스 퀘스트2와 같은 HMD의 인기 상승, 가격 하락 등으로 인해 2019년 대비 90.4% 급증하여 76억 5,400만 달러의 시장규모를 기록했다.

COVID-19로 인해 비대면 서비스(재택근무, 원격수업)의 확대가 일어나고, 글로벌 IT 기업들의 투자와 서비스가 급증하였다. 페이스북(Meta)는 VR 및 AR 부문의 직원 비율을 크게 늘려 메타버스 관련 비전을 발표했다. 이러한 변화로 2020년 이후 북미 실감콘텐츠 시장은 상대적으로 개선되었으며, 글로벌 IT 기업의 VR 사업 재진출과 인수합병, 그리고 페이스북의 메타버스 비전 발표 등으로 2025년까지 연평균 30.0%의 성장세를 나타내며 284억 900만 달러의 시장규모가 예상되고 있다.

비즈니스(B2B) 분야에서 AR 글라스는 애플과 삼성을 비롯한 기업의 신제품 출시로 소비자 (B2C) 시장으로의 시장점유율이 확대되고 있으며, 게임 중심의 시장뿐만 아니라 다양한 응용

---

46)   소프트웨어정책연구소, "2021년 국외 디지털콘텐츠 시장조사", 2022

분야로 시장의 범위가 확대되고 있다.

북미 지역의 VR 시장은 2020년에 오큘러스 퀘스트의 인기로 인해 HMD의 가격 하락과 원격 근무 및 수업을 지원하는 VR 기반 서비스의 수요가 증가하였으나, 킬러 콘텐츠 부재와 글로벌 IT 기업의 일부가 VR 사업을 축소하면서 2016년 대비하여 시장 점유율이 감소한 28.8%를 기록하고 있다.

북미 지역의 AR 시장에서는 미군용 AR 헤드셋 제작, 마이크로소프트의 홀로렌즈2, 페이스북의 AR 글라스 개발 프로젝트 'Project Aira AR' 등을 중심으로 정부 및 응용산업에서 AR 활용이 확대되고 있으며, 소셜미디어 중심의 AR 서비스도 증가하고 있습니다. 2025년까지 시장 점유율은 17.5% 증가하여 68.1%로 증가할 것으로 예상된다.

북미 지역의 XR 시장은 주요 시장 참여자와 XR 솔루션의 보급이 빨라, 2019년에 가장 높은 수익을 창출했다. 교육, 항공우주, 방위 산업에서 VR 및 AR 솔루션에 대한 관심이 높아져 북미에서 현실 시장 진출이 가속화되고 있다. 예를 들어, 2018년에는 미국 교육부의 특수 교육 프로그램 사무국(OSEP)이 VR을 활용하여 특수 능력이 있는 학생의 사회적 기술을 육성하는 프로그램에 250만 달러를 투자할 계획을 발표하였다.

이러한 동향을 고려하면, 북미 지역의 실감 콘텐츠 시장은 계속해서 성장할 것으로 예상된다.

[그림 38] 북미 실감콘텐츠 시장규모 및 성장률(2016-2025)

(단위 MS, %)

구분	'16	'17	'18	'19	'20	'21	'22	'23	'24	'25	'20-'25 CAGR
AR	377	672	1,132	1,734	3,872	5,173	8,076	11,668	15,572	19,328	37.9
VR	941	1,254	1,144	1,410	2,692	4,036	4,947	5,577	5,948	6,715	20.1
홀로그램	412	538	693	876	1,090	1,310	1,603	1,928	2,203	2,366	16.8
합계	1,730	2,464	2,969	4,020	7,654	10,519	14,626	19,173	23,723	28,409	30.0

[그림 39] 북미 실감콘텐츠 시장규모 및 전망(16년-25년, 단위:MS,%)
출처: 소프트웨어정책연구소. "2021년 국외 디지털콘텐츠 시장조사". (2022) 319면
Digi-capital(2019-2021), MarketsandMarkets(2018~2021), IDC(2017-2020) 등 재산출

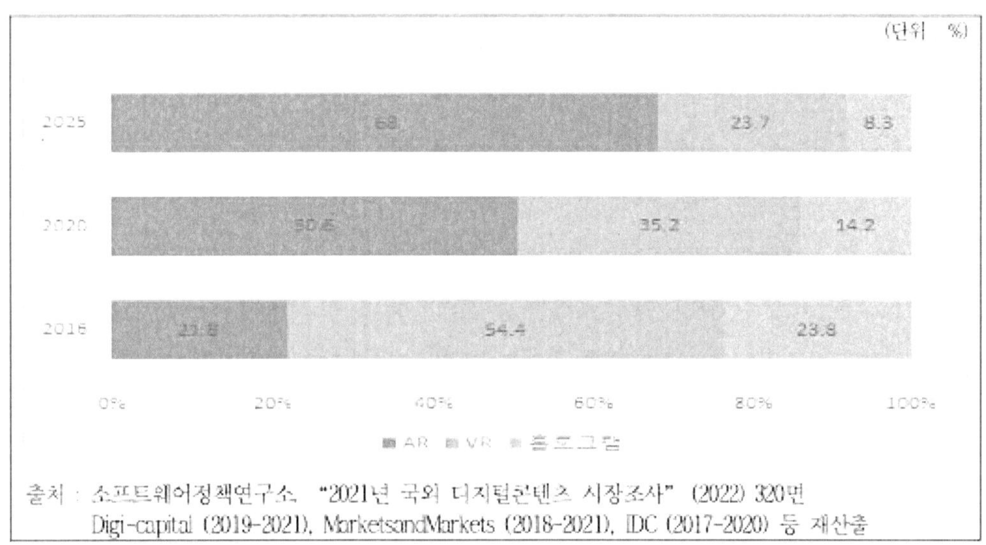

출처 : 소프트웨어정책연구소, "2021년 국외 디지털콘텐츠 시장조사" (2022) 320면
Digi-capital (2019-2021), MarketsandMarkets (2018-2021), IDC (2017-2020) 등 재산출

[그림 40] 북미 실감콘텐츠 시장 분야별 비중 비교(2016,2020,2025)

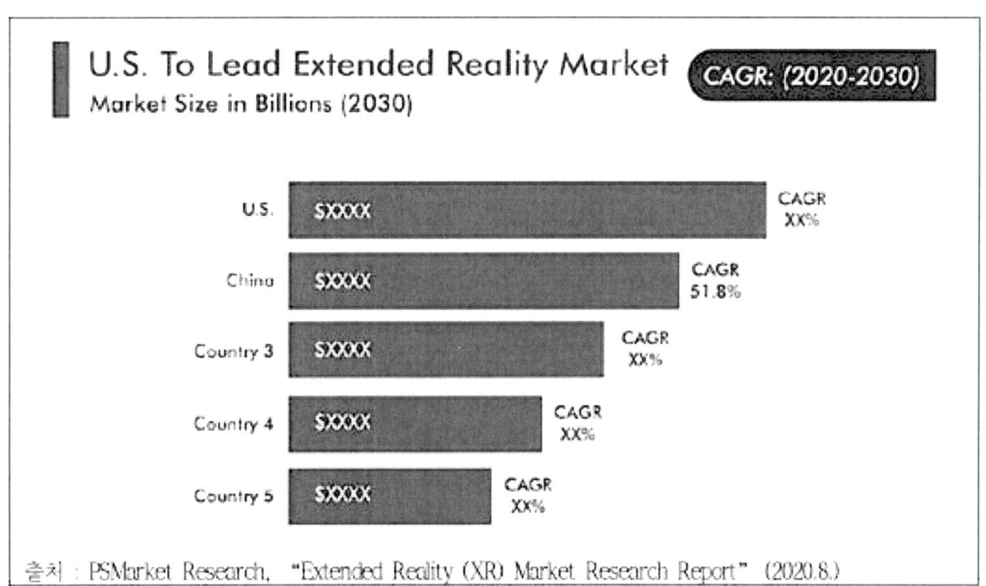

출처 : PSMarket Research, "Extended Reality (XR) Market Research Report" (2020.8.)

[그림 41] 미국 주도의 XR 시장 규모

(2) 중남미 지역

중남미 실감 콘텐츠 시장은 현재 2023년을 중심으로 살펴볼 때, 매우 빠르게 성장하고 있다. 이 시장은 AR, VR 및 홀로그램 세 가지 주요 세그먼트로 구성되며, 각각의 시장 규모와 연평균 성장률(CAGR)은 아래와 같다.

2023년에는 유럽 AR 시장이 1,163백만 달러로 큰 규모를 자랑하며, 높은 CAGR 71.2%를 기록하고 있다. 이러한 성장은 실감 콘텐츠 시장에서 AR 기술에 대한 높은 수요와 관심을 반영하고 있다.

동시에, VR 시장은 639백만 달러로 안정적인 성장을 보이며, 2024년까지 772백만 달러로 성장할 것으로 예측된다. 홀로그램 시장은 2023년에 123백만 달러의 규모를 가지며, 2024년까지 130백만 달러로 확대될 것으로 전망된다.

유럽 실감 콘텐츠 시장은 높은 성장률과 기술 혁신을 통해 미래에도 계속해서 확대될 것으로 예상되며, 특히 AR 분야에서 많은 주목을 받을 것으로 예측된다.

구분	2019	2020	2021	2022	2023	2024	CAGR
AR	115	221	412	733	1,163	1,690	71.2
VR	121	155	342	504	639	772	45.0
홀로그램	64	78	91	105	123	130	15.2
합계	300	455	845	1,341	1,925	2,593	53.9

[표 16] 중남미 실감콘텐츠 시장규모 및 전망 (단위: M$, %)

(3) 유럽 지역

2023년과 그 이후, 유럽 실감 콘텐츠 시장은 급격한 성장을 경험하고 있다. 이 시장은 AR, VR, 그리고 홀로그램이라는 주요 분야로 구성되며, 각각의 시장 규모와 연평균 성장률(CAGR)은 아래와 같다.

2023년, 유럽의 AR 시장은 10,339백만 달러로 가장 큰 규모를 자랑하며, 그 높은 성장률 57.4%는 이 분야의 중요성을 반영하고 있다. 이러한 성장은 유럽 지역에서 AR 기술에 대한 관심이 계속해서 증가하고 있음을 보여준다.

동시에, VR 시장은 5,867백만 달러로 안정적인 성장을 유지하며, 2024년까지 6,742백만 달러로 확장될 것으로 예상된다. 홀로그램 시장도 1,258백만 달러로 상당한 규모를 가지고 있으며, 2024년에는 1,397백만 달러로 확대될 것으로 전망된다.

이러한 추세를 종합하면, 유럽 실감 콘텐츠 시장은 AR와 VR 분야에서 큰 성장을 지속하고 있으며, 이는 기술 혁신과 사용자 수요의 증가를 반영하고 있다. 이 분야는 미래에도 중요한 시장 중 하나로 부상할 것으로 예측된다.

구분	2019	2020	2021	2022	2023	2024	CAGR
AR	1,456	2,503	4,218	6,981	10,339	14,060	57.4
VR	1,411	1,695	3,488	4,875	5,867	6,742	36.7
홀로그램	639	774	905	1,075	1,258	1,397	16.9
합계	3,506	4,972	8,611	12,931	17,464	22,199	44.6

[표 17] 유럽 실감콘텐츠 시장규모 및 전망 (단위: M$, %)

(4) 아시아·태평양 지역[47]

아시아.태평양 지역은 실감형 콘텐츠 시장에서 지속적으로 선두 위치를 유지하고 있으며, 시장 점유율은 38.6%로 기록되고 있다. 이 권역은 다양한 혁신적인 기술과 업계 동향을 주도하고 있으며, 높은 성장률을 보이고 있다.

반면, 북미 지역의 실감형 콘텐츠 시장은 2020년 이후 XR 기술의 발전으로 인해 비대면 서비스의 수요가 증가하고 있으며, VR, AR, 홀로그램 기술을 다양한 산업 분야에서 적극적으로 채택하고 있다. 또한, 글로벌 IT 기업들이 XR 기술에 대한 투자를 늘리고 있어 기술 발전이 가속화되고 있다. 그럼에도 불구하고, 다른 권역에 비해 북미 지역의 시장 점유율은 2020년 대비 2025년에 5.0% 하락하여 23.0%로 예상되고 있다.

아시아.태평양 지역과 북미 지역은 모두 실감형 콘텐츠 시장에서 주요 역할을 하고 있으며, 기술과 경쟁력을 갖추기 위한 다양한 노력을 기울이고 있다. 이러한 동향은 2023년 현재의 시장 상황을 반영하며, 두 지역은 미래에도 새로운 기회와 성장 가능성을 모색할 것으로 예상된다.

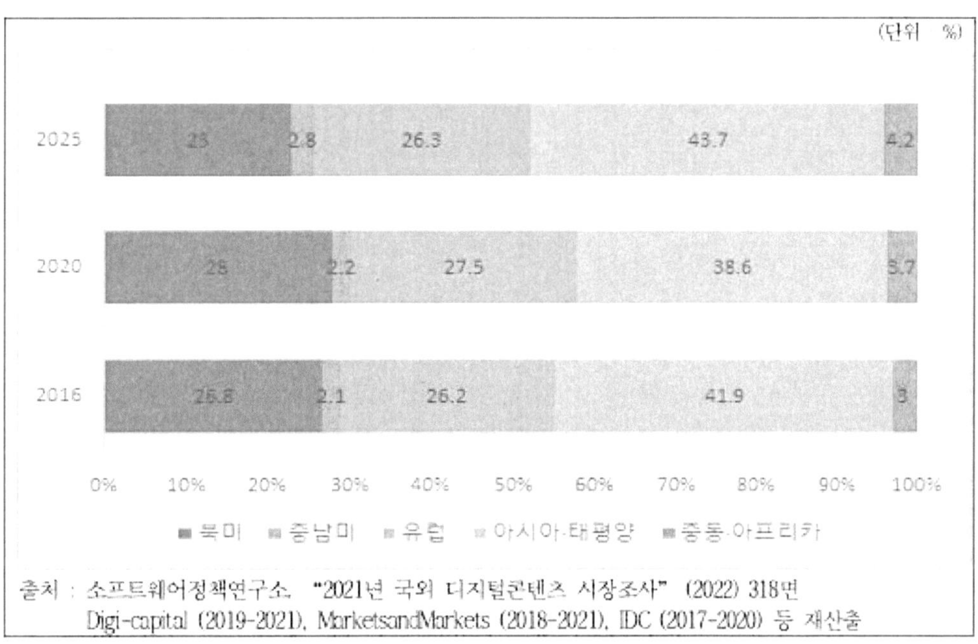

[표 17] 권역별 실감콘텐츠 시장 비중 비교(2016, 2020, 2025)

---

47) 소프트웨어정책연구소, 국외 디지털 콘텐츠 시장조사(2022)

(5) 중동·아프리카[48)]

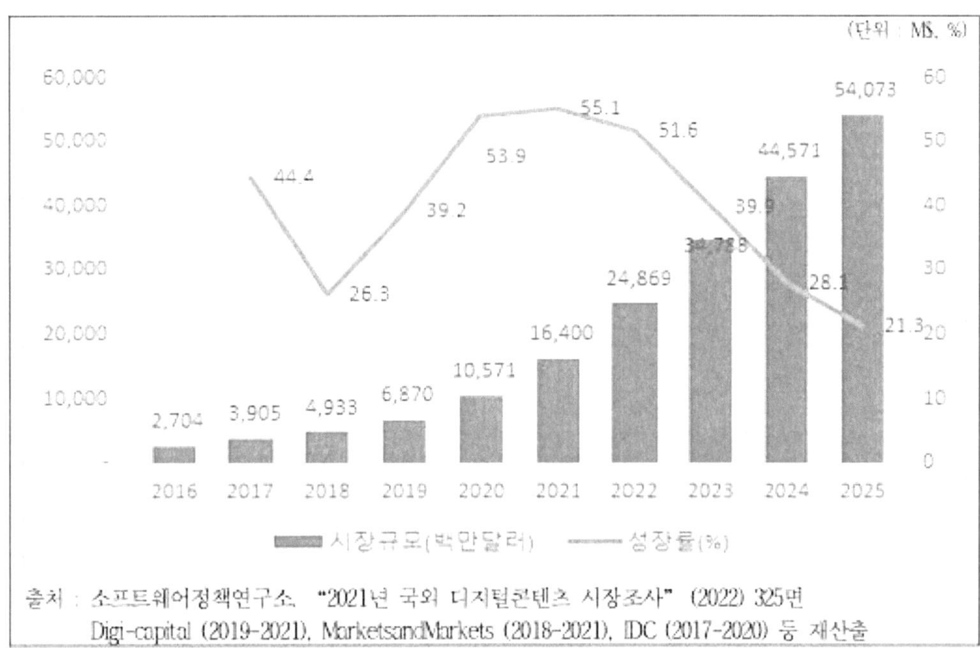

[그림 43]] 아시아·태평양 실감콘텐츠 시장규모 및 성장률(2016-2025)

구분	'16	'17	'18	'19	'20	'21	'22	'23	'24	'25	'20-'25 CAGR
AR	831	1,450	2,515	3,866	6,400	9,663	16,128	24,463	33,218	41,327	45.2
VR	1,655	2,161	2,029	2,498	3,525	5,940	7,739	9,088	9,902	11,177	26.0
홀로그램	218	294	390	506	646	797	1,002	1,237	1,451	1,569	19.4
합계	2,704	3,905	4,933	6,870	10,571	16,400	24,869	34,788	44,571	54,073	38.6

[표 17]   아시아·태평양 실감콘텐츠 시장규모 및 전망(2016-2025, 단위: M$, %)
출처: 소프트웨어정책연구소. "2021년 국외 디지털콘텐츠 시장조사 (2022) 325면
Digi-capital (2019-2021), MarketsandMarkets (2018~2021), IDC (2017-2020) 등 재산출

아시아, 태평양 지역의 실감콘텐츠 시장은 현재 초기 단계에 있으나, 2020년부터 2030년까지 가장 빠른 성장을 예상하고 있다. 이 지역에서는 특히 VR 및 AR 기술의 기술 개발이 화제를 모으며, 젊은 인구와 VR 및 AR 지원 게임의 인기가 시장 성장을 견인하고 있습니다. 주요 기업들이 이 지역에서 VR 및 AR 장치를 출시하고 있으며, 예를 들어 Sony Corporation은 PS5 콘솔과 함께 제공될 새로운 PlayStation VR 헤드셋을 개발하고 있다.

---

48) 소프트웨어정책연구소. "2021년 국외 디지털콘텐츠 시장조사" (2022) 323면

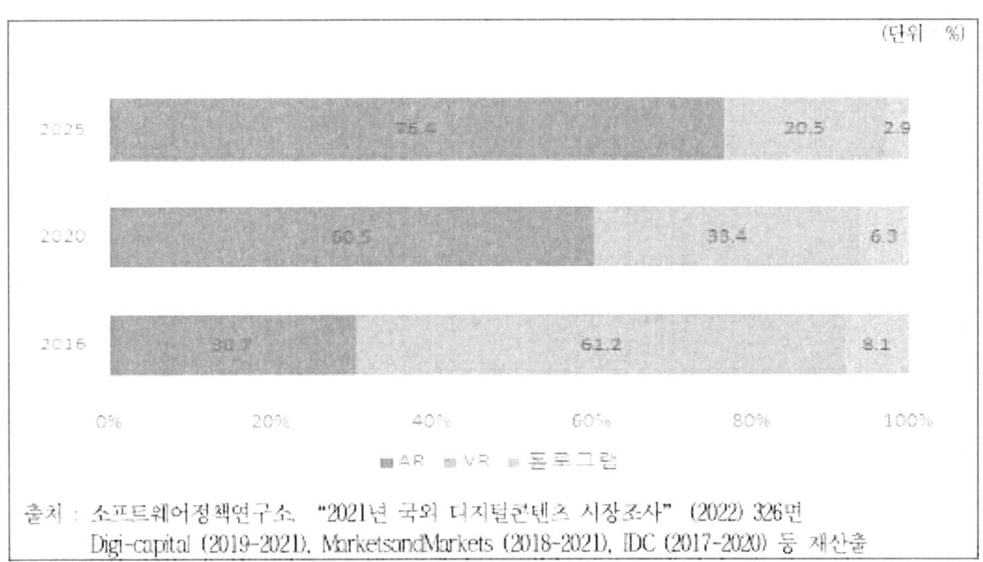

[그림 45]]아시아·태평양 실감콘텐츠 시장 분야별 비중 비교(2016, 2020, 2025)

또한, 2023년 현재, 아시아와 태평양 지역은 COVID-19 팬데믹으로 인해 여러 어려움을 겪었다. 도쿄올림픽 연기, 경제 성장률 하락, 공공시설 폐쇄, 이동 제한 및 재택근무와 원격수업의 증가 등이 발생했다. 이러한 상황에서는 비대면 서비스 소비가 급증하며 디지털화가 가속화되었다. 이로 인해 기업들은 VR 및 AR 기술에 대한 투자를 확대하고 있으며, 중국 기업 화웨이는 VR 글라스를, HTC는 VIVE Focus와 같은 VR HMD를 출시하였다. 또한, 관련 특허출원도 증가하였다.

2023년 현재, 아시아와 태평양 지역에서는 2020년에 53.9%의 성장으로 105억 7,100만 달러의 시장 규모를 기록하였다. 그 이후, 재택근무, 원격수업, 비대면 실감콘텐츠 수요의 증가, 메타버스 플랫폼에 대한 관심과 활용도의 상승, 바이트댄스의 VR HMD 제조사 Pico 인수 등으로 2025년까지 연평균 38.6%의 성장을 예상하며, 시장 규모는 540억 7,300만 달러까지 성장할 것으로 전망된다.

2023년 기준, 아시아와 태평양의 실감콘텐츠 시장은 다양한 모바일 애플리케이션(예: 틱톡) 기반의 AR 시장이 60.5%의 점유율을 가지고 있으며, VR가 33.4%, 홀로그램은 6.1%의 점유율을 보여주고 있다. COVID-19의 영향으로 2023년에는 비대면 서비스를 중심으로 한 실감콘텐츠 수요가 증가하고 있으며, 글로벌 IT 기업들이 AR 투자를 확대하고 있으며, AR 기반 광고 및 비대면 교육 서비스가 활성화될 것으로 예상된다. 따라서, 2025년까지 AR 비중이 76.4%로 확대될 것으로 전망된다.

아시아와 태평양 지역에서 VR 시장은 소비자들이 쉽게 접근 가능한 AR 중심의 시장으로 발전할 것으로 예상되며, VR의 시장 점유율이 축소될 것으로 예상됩니다. 현재의 기술과 시장 동향을 고려할 때, 아시아와 태평양 지역에서는 실감콘텐츠 시장이 빠른 성장을 보이며 디지털 기술의 발전과 확산에 큰 기회를 제공할 것으로 기대된다.

나) 주요국 동향
(1) 미국[49]

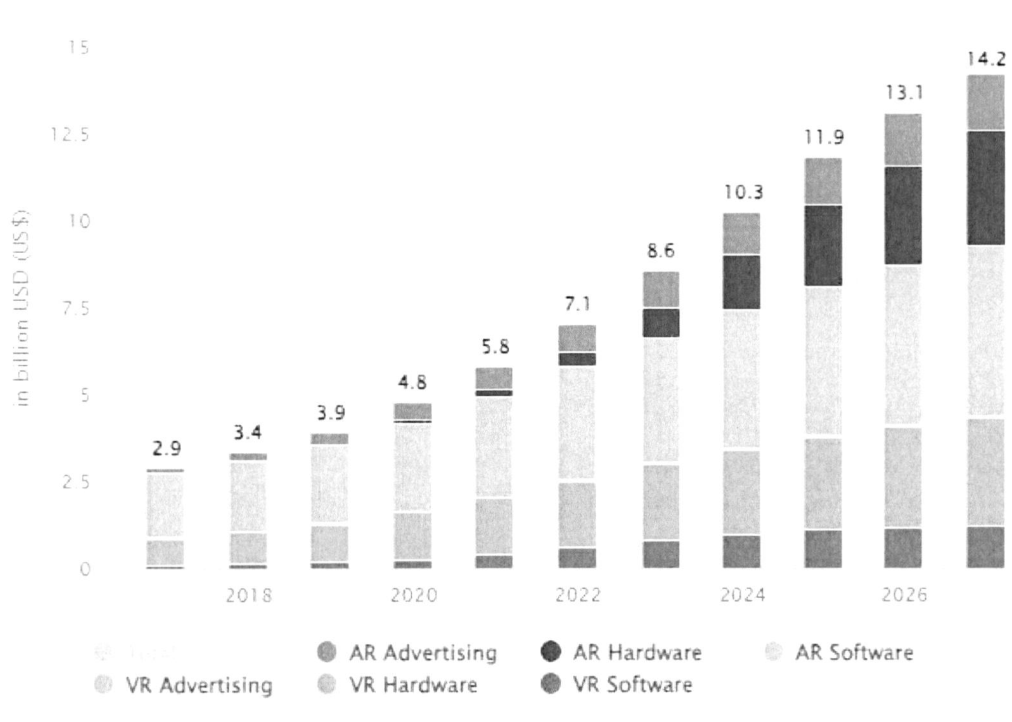

[그림 46] 미국 실감콘텐츠 시장 현황
출처: statista

2023년에는 AR 및 VR 시장의 매출이 86억 달러로 예상되며, 2023년부터 2027년까지 연평균 성장률(CAGR)이 13.54%로 예측되어, 2027년까지 전체 시장 규모는 142억 달러로 증가할 전망이다. 이 중에서도 AR 소프트웨어가 2023년에는 36억 달러로 가장 큰 시장을 형성할 것으로 예상된다. 미국은 2023년에 86억 달러의 예상 매출로 AR 및 VR 시장에서 가장 높은 수익을 창출할 것으로 전망되고 있다.

사용자 기준으로는 2027년까지 사용자 수가 6억 497만 명에 달할 것으로 예상되며, 2023년의 사용자 보급률이 164.6%에서 2027년에는 187.2%로 증가할 것으로 예측되고 있다. 개인당 평균 수익(ARPU)은 15.3달러로 예상됩니다. 다만, 여기서 언급된 수익 값은 B2C(소비자 대상)에 한정된 값으로 B2C 및 B2B(기업 간) 전체 시장의 0.00%만을 대표한다.

미국에서는 AR 및 VR 기술에 대한 수요가 급증하고 있으며, 기업들은 소비자에게 몰입형 경험을 제공하기 위해 연구 및 개발에 대거 투자하고 있다.

49) statista, us AR & VR, 2023

(2) 중국50)

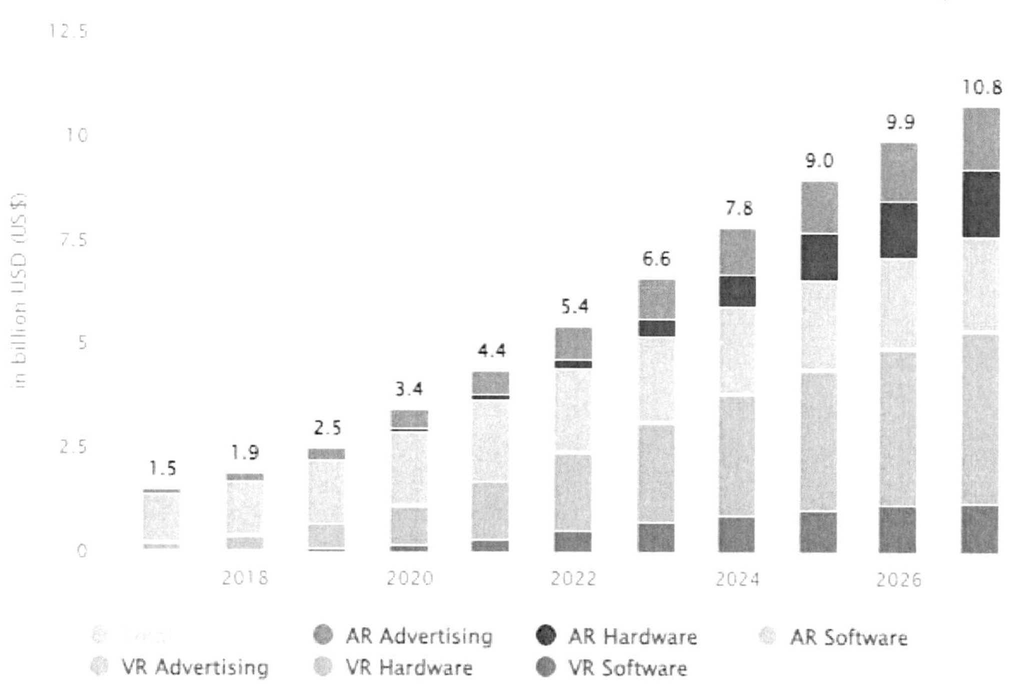

[그림 47] 중국 실감콘텐츠 시장 현황
출처: statista

2023년에는 중국의 AR 및 VR 시장 매출이 66억 달러에 달할 것으로 예상되며, 2023년부터 2027년까지 연평균 성장률(CAGR)이 12.93%로 전망돼, 2027년까지 전체 시장 규모는 108억 달러로 예상된다. 이 중에서도 VR 하드웨어가 2023년에는 24억 달러로 가장 큰 시장 세그먼트를 형성할 것으로 예상된다. 미국이 AR 및 VR 시장에서 가장 많은 수익을 창출하는 것과 대조적으로 중국은 2023년에 85.68억 달러의 예상 시장 규모로 글로벌 시장을 선도하고 있다.

사용자 기준으로는 2027년까지 중국의 AR 및 VR 시장 사용자 수가 20억 5800만 명에 달할 것으로 예상되며, 2023년의 사용자 보급률이 133.8%에서 2027년에는 144.0%로 증가할 것으로 예측되고 있다. 개인당 평균 수익(ARPU)은 3.5달러로 예상됩니다. 다만, 여기서 언급된 수익 값은 B2C(소비자 대상)에 한정된 값으로 B2C 및 B2B(기업 간) 전체 시장의 0.00%만을 대표한다.

중국은 연구 및 개발에 대규모로 투자함으로써 글로벌 AR 및 VR 시장을 선도하고 있다.

---

50) statista, china AR & VR, 2023

(3) 일본[51]

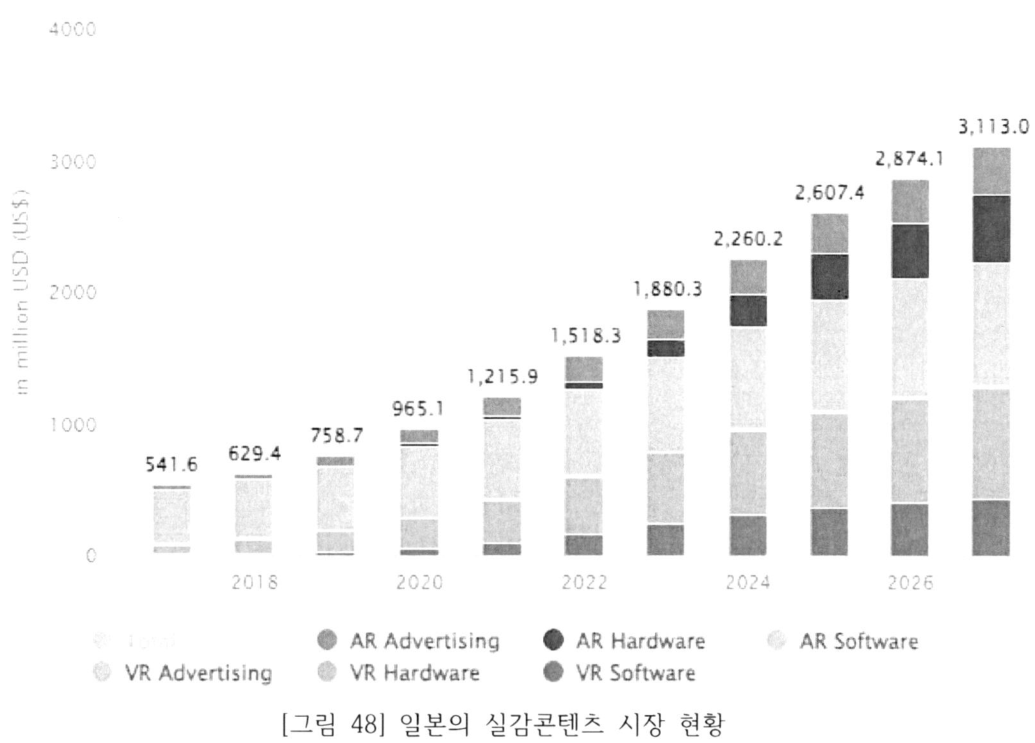

[그림 48] 일본의 실감콘텐츠 시장 현황
출처: statista

일본의 AR 및 VR 시장은 2023년에 1,880억 미국 달러에 달할 것으로 전망되고 있다. 2023년부터 2027년까지 연평균 성장률(CAGR)은 13.44%로 예상되며, 2027년에는 3,113억 미국 달러의 시장 규모에 이를 것으로 예측된다.

시장 세그먼트 중에서 AR 소프트웨어가 2023년에 719.7억 미국 달러의 부분에서 가장 큰 시장 점유율을 차지할 것으로 예상된다. 미국은 2023년에 8,568억 미국 달러의 시장 규모를 기록하여 AR 및 VR 시장에서 가장 높은 수익을 창출한다.

사용자 기반 측면에서 2027년까지 AR 및 VR 시장의 사용자 수는 약 1억 5700만 명에 달할 것으로 예상되며, 사용자 침투율은 2023년에 108.1%로 예측되며 2027년까지는 130.2%로 증가할 것으로 전망된다. 평균 사용자당 수익(ARPU)은 14.1 미국 달러로 예상된다.

여기서 언급된 수익 값은 B2C(소비자 간 거래) 수익만을 고려한 것임을 참고해야 한다. 표시된 시장 점유율은 B2C 및 B2B 전체 시장(소비자 간 및 기업 간 거래) 중

---

51) statista, japan AR & VR, 2023

0.00만을 나타낸다.

일본의 AR 및 VR 시장은 가상현실 게임 경험과 제조 및 의료 분야에서의 고급 증강
현실 응용에 중점을 두고 성장하고 있다.

(4) EU [52]

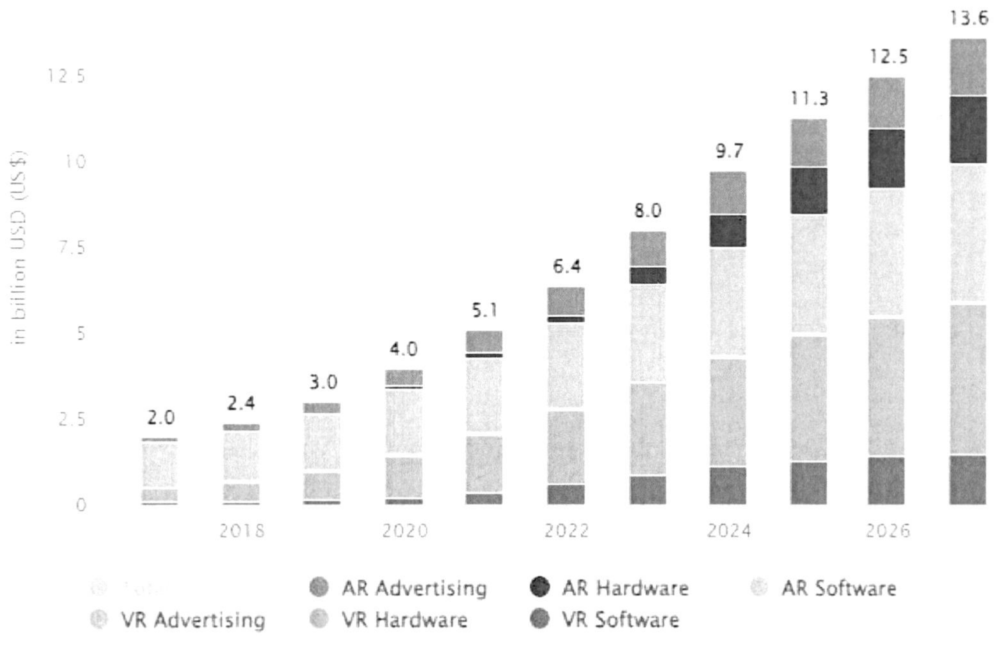

[그림 49] EU의 실감콘텐츠 시장 현황
출처: statista

유럽의 AR 및 VR 시장 수익은 2023년에 80억 미국 달러에 이를 것으로 예측되고 있다. 2023년부터 2027년까지 연평균 성장률(CAGR)은 14.14%로 예상되며, 2027년까지 136억 미국 달러의 시장 규모에 도달할 것으로 예측된다.

유럽에서 가장 큰 시장 세그먼트는 2023년에 28억 미국 달러의 부분을 차지하며 AR 소프트웨어다. 미국이 2023년에 8,568억 미국 달러의 시장 규모를 기록하여 AR 및 VR 시장에서 가장 많은 수익을 창출한다.

AR 및 VR 시장에서 유럽의 사용자 수는 2027년까지 약 9억 7980만 명에 달할 것으로 예상되며, 사용자 침투율은 2023년에 110.3%로 예측되며 2027년까지는 124.9%로 증가할 것으로 전망된다. 평균 사용자당 수익(ARPU)은 9.3 미국 달러로 예상된다.

여기서 언급된 수익 값은 B2C(소비자 간 거래) 수익만을 고려한 것임을 참고해야 합니다. 표시된 시장 점유율은 B2C 및 B2B 전체 시장(소비자 간 및 기업 간 거래) 중 0.00만을 나타낸다.

유럽에서는 독일이 산업 응용 및 주요 기업과의 파트너십에 중점을 두고 AR 및 VR 혁신을 선도하고 있다.

---

52) statista, EU AR & VR, 2023

나. 국내동향[53]

한국 콘첸츠진흥원은 최근 국내 실감콘텐츠 기업에 대한 조사를 진행했다. 이 조사는 2022년 11월부터 12월까지 진행되었으며, 988개의 국내 실감콘텐츠 기업을 대상으로 실시되었다. 조사 결과에 따르면, 국내 실감콘텐츠 산업은 글로벌 실감콘텐츠 산업의 높은 성장률을 반영하여 높은 성장률을 기록하고 있다.

이러한 성장세는 신기술을 기반으로 한 디지털 전환의 가속화로 인해 증가하는 실감콘텐츠 수요와 관련된 것으로 분석되며, VR/AR 및 다른 신기술의 도입으로 기존 콘텐츠 장르 산업과의 융합이 진행되고 있다.

전체적으로, 2020년 기준으로 글로벌 AR/VR 시장 규모는 295억 달러이며, 2026년까지 연평균 75.5% 성장률로 약 8,676억 달러로 성장할 것으로 예상되고 있다. 국내 AR/VR 시장도 2020년에 약 9,700억 원의 규모를 기록하며, 2026년까지 연평균 11.2% 성장으로 약 1조 8,078억 원의 규모로 전망되고 있다.

이러한 성장세를 지원하기 위해 국내 및 글로벌 주요 국가들은 실감콘텐츠 산업 육성 정책을 전개하고 있으며, 국내에서도 5G 상용화를 통해 실감콘텐츠 선도 국가로의 도약을 모색하고 있다. 실감콘텐츠 기업들은 블록체인 및 다양한 정보통신기술과 협업을 통해 생태계를 조성하고 있으며, 이러한 성장세는 향후 더욱 확대될 것으로 예상된다.

기업들의 정책 수요를 살펴보면, 판로개척 및 마케팅 지원, 콘텐츠 개발 및 제작 지원, 사업화 정착 지원 등이 주요한 요구사항으로 나타났다. 이러한 지원을 통해 국내 실감콘텐츠 산업은 더욱 성장하고 확장될 것으로 예상된다

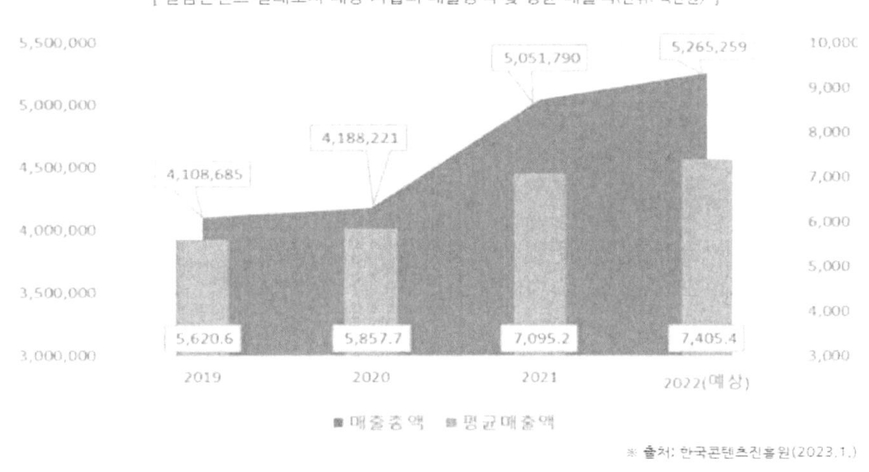

[그림 50] 국내 실감콘텐츠 실태조사 대상 기업 매출총액 및 평균 매출액(단위:백만원)

---

53) 5G시대, 실감산업 육성 방안 연구, SPRI, 2020.01

08

8. 실감콘텐츠 기업 운영 분석

가. 국내 기업

1) 버넥트[54]

VIRNECT

XR 기술을 활용한 산업용 솔루션을 제공하며 현장 업무의 효율성과 안전성을 향상시키는 한국 기업 버넥트에 대한 분석입니다. 버넥트는 현재 '버넥트리모트(VIRNECT Remote)', '버넥트메이크(VIRNECT Make)', '버넥트트윈(VIRNECT Twin)'과 같은 XR 기술을 기반으로 한 솔루션을 제공하고 있다.

-'버넥트리모트': 이 솔루션은 문제가 발생한 현장에서 관리자와 작업자, 기술자가 동일한 화면을 공유하며 실시간 협업할 수 있도록 도와줍니다. 화면에 그리기(drawing) 또는 AR 포인팅을 통해 직관적인 설명을 제공하며 도면 및 문서 상호 공유가 가능하다. 또한 해외공장의 작업자와도 소통이 가능하도록 실시간 통번역 기능을 제공한다.

-'버넥트메이크': 이 솔루션은 코딩 지식이 없어도 XR 콘텐츠를 만들 수 있는 노코드(No-code) 툴로, 현장에서 디바이스 사용 메�얼, 점검 보고서 등과 관련된 콘텐츠를 빠르게 제작하고 공유할 수 있게 도와준다.

-'버넥트트윈': 이 솔루션은 현장 도면이나 공간을 3D로 만들어 직관적인 모니터링을 가능하게 한다. 이를 통해 현장에 직접 가지 않아도 장비 상태, 데이터, 작업자 위치 등을 파악할 수 있습니다. 버넥트트윈은 다양한 분야에서 활용 가능한 안전 관리, 현장 모니터링 및 시뮬레이션을 제공한다.

버넥트 대표는 XR 솔루션을 통해 산업 현장에서 발생할 수 있는 다양한 문제를 해결하고, 전문가의 노하우를 원격으로 전달하는 지원을 강조하며, 이를 통해 고객이 지식의 이해력과 전달력을 향상시킬 수 있다고 설명했다.

산업 현장에서 기술 인력 부족 문제를 해결하기 위해, 버넥트는 XR 기술을 활용한 방안을 제시하고 있다. 특히 2023 AMWC에서는 XR 기술을 통한 실시간 협업 체험 콘텐츠를 제공할 예정이며, 스마트글라스의 다양한 기능을 비교하며 현장에 적합한 솔루션을 확인할 수 있도록 할 것이다.

버넥트는 렌탈 서비스도 제공하며, 최근에는 스마트글라스 렌탈 서비스를 출시하였습니다. 이를 통해 고객은 스마트글라스를 1개월부터 최대 3년까지 렌탈할 수 있으며, 다양한 스마트글

---

54) 인더스트리 뉴스, 버넥트, XR 기술로 현장 업무 효율 및 안정성 향상 지원한다, 2023.06

라스 모델을 경험할 수 있다.

XR 기술에 대한 관심이 높아지면서 버넥트는 고객들이 XR 솔루션을 체험할 수 있도록 지원하고 있으며, 퍼블릭 클라우드형 SaaS를 통해 다양한 솔루션을 제공하고 있습니다. 또한, 버넥트는 한국거래소 코스닥 상장 예비심사를 통과하고 IPO를 준비 중인 기업이다.

[그림 59] 베넥트뷰 구동화면

2) 맥스트[55]

[그림 61] 맥스트 로고

맥스트는 19일 AR 개발 플랫폼의 인식 성능을 업그레이드하며, MAXST AR SDK 6.1.0 버전을 발표했다. 이번 업데이트에서는 주요 인식 성능을 개선하여 더 현실적인 AR 경험을 제공한다.

MAXST AR SDK 6.1.0 버전은 패키징 기능을 도입하여 인식 가능한 타깃의 개수와 속도를 향상시켰다. 2D 오브젝트 타깃은 최대 1000개까지, 3D 타깃은 최대 25개까지 불러올 수 있게 되었다. 최대 5개까지의 공간을 로드해 인식 및 추적할 수 있으며, 3D 공간인식 및 AR 콘텐츠 트래커 기능을 개선하여 먼 거리에서도 사물 및 공간을 인식할 수 있고, 카메라 각도 변화에 대한 추적 안정성을 확보했다. 이로써 공간과 오브젝트에 대한 인식 정확도가 향상되어 게임 및 교육 분야에서 정확한 캐릭터 및 오브젝트 인식이 가능해지며, 다수의 이미지와 3D 모델을 정확하게 인식하여 생생한 학습 경험을 제공할 수 있다.

또한, AR 쇼핑 및 관광, 문화 분야에서는 상품에 대한 사실적인 정보 제공으로 편리한 쇼핑 경험을 가능하게 하고, 풍부한 AR 여행 경험과 문화 체험 서비스를 제공할 수 있다. 스마트 팩토리 등 산업 분야에서도 AR 기술을 활용하여 다양한 문제를 해결할 수 있다.

또한, 'Visual SLAM Tool'과 'MAXSCAN' 같은 3D 오브젝트 맵 데이터 생성 툴도 업데이트되어 새로운 형식으로 생성된 맵 데이터를 패키징 기능을 통해 AR SDK에 로드 가능하게 되었다. 이러한 업데이트로 인해 AR 앱의 서비스 영역이 더 확장될 것으로 예상되며, 맥스트는 AR 기술을 계속 발전시켜 일상에서 완벽한 AR 서비스를 제공할 계획이다. 또한, XR 메타버스 시장에서도 맥스트는 성장을 이어갈 것으로 예상되며, AR 원천기술을 공간 컴퓨팅의 영역으로 확장시켜 차세대 디바이스에 적용하고 함께 성장하는 것을 목표로 하고 있다.

---

55) hellot, 맥스트, MAXST AR SDK 6.1.0 출시 "실감나는 AR 경험 제공", 2023.09

타깃	이전	6.1.0
이미지	200개	1,000개
오브젝트	5개	25개
공간	1개	5개

고속 인식 타깃 개수 증가

[그림 62] 맥스트 AR개발 플랫폼

3) 덱스터 스튜디오[56)]

[그림 63] 덱스터 스튜디오

덱스터 스튜디오는 시각특수효과(VFX) 및 영상콘텐츠를 주력으로 하는 기업으로, 몽키킹 시리즈, 쿵푸요가, 해적, 신과함께 등 다양한 영화의 VFX(Visual Effects: 시각효과)를 담당했다.

덱스터스튜디오는 아세안 국가의 문화와 정체성을 소개하기 위해 다양한 실감콘텐츠를 제작하여 아세안 디지털 문화체험존에서 발표했다.

한국국제교류재단(KF) 아세안문화원은 '아세안 디지털 문화체험존'의 개막식을 부산에서 지난 26일에 개최하였으며, 덱스터스튜디오는 이 행사 내에서 디지털 실감콘텐츠의 기획과 제작을 담당하여 아세안 국가의 다양한 문화를 전달했다.

덱스터스튜디오는 "하나의 비전, 하나의 정체성, 하나의 공동체"라는 슬로건과 함께, 아세안 국가들이 서로 화합하고자 하는 콘셉트에 부합하는 실감 콘텐츠를 기획했다.

덱스터스튜디오의 관계자는 "저희는 이번 프로젝트에 앞서 문체부 광화벽화, 문화재청 조선왕릉, 국립중앙박물관 평생도, 경주시 계림 등 다양한 실감 미디어 콘텐츠 제작 경험을 바탕으로 축적된 업무 노하우와 기술력을 활용하였습니다"라고 설명했다.

---

56) 조세금융신문, 덱스터, 부산 KF 아세안문화원 실감콘텐츠 제작, 2023.04

4) 한빛소프트[57)

[그림 64] 한빛소프트

한빛소프트는 1999년 설립된 이후 '스타크래프트', '디아블로'와 같은 대형 게임을 퍼블리싱한 게임 소프트웨어 개발 및 공급을 주력으로 하고 있는 업체이다. 한빛소프트는 T3엔터테인먼트의 자회사로 게임뿐만 아니라 가상현실(VR) 및 AR, 교육, 헬스케어, 드론, 블록체인 등 다각도로 사업을 전개하고 있다. T3엔터테인먼트는 PC, 모바일, 콘솔 등 다양한 플랫폼의 개발기술을 보유하고 있으며 2008년 5월 한빛소프트의 최대 주주가 되면서 개발과 퍼블리싱의 시너지 효과로 성장해 나가고 있다.

한빛소프트는 3일, 해양경찰청 및 행정안전부가 주도하는 '가상융합기술 기반 재난대응 교육훈련 플랫폼 개발사업'에 참여한다고 발표했다.

이 프로젝트는 총 280억원 규모로 2027년 12월까지 진행되며, 한빛소프트는 이 중 48억원 규모의 '4대 재난 대응 훈련 콘텐츠 개발' 파트를 수행한다.

한빛소프트는 "확장현실(XR) 가상융합기술을 활용하여 현실적인 재난 상황을 반영한 고도의 실감형 훈련 콘텐츠를 개발하고, 이를 통해 재난 대응 훈련을 실증 및 고도화할 계획"이라고 밝혔다. 또한, "이를 통해 재난안전을 담당하는 지자체 공무원들에게 현장 대응 능력을 향상시킬 수 있는 교육 및 훈련 콘텐츠와 인공지능 평가 시스템을 제공하게 될 것"이라고 덧붙였다.

한빛소프트는 2024년까지 콘텐츠 디자인 및 3D 재난 상황 모의를 완료하고, 2027년 12월까지 재난안전 분야의 교육훈련체계를 현장 전문 교육기관과 협력하여 고도화된 통합 훈련 시스템을 개발할 계획이다.

또한, 한빛소프트는 2015년에 연세대학교 산학협력단과 컨소시엄을 구성하여 국민안전처(현

---

57) 뉴스핌, 한빛소프트, '가상융합기술 기반 교육훈련 플랫폼 사업' 참여, 2023.08

행정안전부)의 '사회재난 안전기술개발 사업' 중 '증강현실을 기반으로 하는 재난대응 통합훈련 시뮬레이터 개발 사업'에서 핵심 개발사로 선정되었으며, 2021년부터는 과학기술정보통신부. 정보통신산업진흥원. 한국산업기술평가관리원이 주최하는 'XR 플래그십 프로젝트'의 소방 분야 산학 컨소시엄 사업자로도 참여하고 있다.

5) ㈜증강지능[58]

[그림 65] ㈜증강지능

'증강지능 기업의 실감콘텐츠 기업 운영 분석'은 현재 항공정비 분야에서의 혁신적인 발전을 보여주고 있다. 인하대 출신의 증강지능(AK)이 개발한 클라우드 기반 교육콘텐츠 'AK뷰'(AK View)와 인공지능(AI) 기반 정비교육 솔루션 'AK고'(AK Go)가 주목받고 있다. 이 솔루션은 홀로렌즈를 활용하여 항공기 오일탱크 3D 영상과 음성, 가상 촉각을 통해 학습자에게 현장감을 전달한다.

AK뷰는 캐나다 항공정비학교와 유력항공사와의 협상을 진행하며 B737-800NG 항공기를 기반으로 한 콘텐츠의 효용성을 입증하고 본격적인 해외 진출을 목표로 하고 있다. 이 클라우드 기반의 콘텐츠는 AI와 확장현실 기술을 결합하여 디지털트윈으로 항공기를 제작하며, 실제 항공기 부품에 대한 학습이 가능하다. AK고는 이를 기반으로 한 AI 기반 정비교육 솔루션으로, 다양한 기기를 활용해 항공기 정비 교육이 가능하다. 홀로렌즈와 음성 명령을 활용하여 실제 항공기를 가상으로 조작하며 학습자에게 현장감을 제공한다.

AK 대표는 이 솔루션을 세계 MRO(Maintenance, Repair, and Overhaul)의 패러다임을 바꿀 혁신적인 서비스로 소개하며, 항공기를 방 안에 띄워놓고 AI와 대화하며 교육하는 세계 최초의 서비스라고 강조했다. 이를 통해 항공정비학교의 비용 절감과 실질적인 교육 효과를 높일 수 있는 가능성이 크게 떠오르고 있다. 또한, 국내 법규상 3대 이상의 항공기를 비치해야 하는데 비용 문제로 비치되지 않는 경우가 많은데, AK의 솔루션을 활용하면 이러한 문제를 극복할 수 있다는 점도 주목할 만하다. 이처럼 AK의 증강지능 솔루션은 항공정비 교육 분야에서 혁신을 가져올 것으로 기대된다.

[그림 66] 증강지능　XR(확장현실)기반 항공정비교육 솔루션을 개발

---

58) 전자신문, 증강지능, 세계 최초 디지털트윈 항공정비교육 솔루션 출시..."교육기관 1000억 이상 비용 절감", 2023.04

6) 어반베이스[59]

[그림 67] 어반베이스

 증강현실, 가상현실 전문 스타트업인 어반베이스는 2014년 설립되었으며 데이터베이스 제공, 소프트웨어 개발, 공급, 광고영상 제작, 공급을 주력으로 하고 있다. 어반베이스는 부동산과 기술을 결합한 국내 대표 프롭테크 기업으로 손꼽히며, 건축 도면을 2초만에 3차원 공간으로 자동 변환하는 특허 기술을 기반으로 다양한 사업을 펼치고 있다.

 '어반베이스'는 2022년 빅데이터 플랫폼 및 센터 구축 사업에서 부동산 분야에 참여하는 컨소시엄의 일원으로 소속을 밝히며 관련한 실감 콘텐츠 기업 운영을 더 깊게 살펴볼 필요가 있다.

이 프로젝트는 과학기술정보통신부와 한국지능정보사회진흥원(NIA)이 이끄는데, 어반베이스는 2D·3D 도면데이터와 3D 모델링 제품데이터 등을 통해 부동산 생태계를 확장하고 양질의 데이터를 제공한다. 빅데이터 플랫폼 및 센터 구축 사업은 국민과 기업이 활용할 수 있는 양질의 데이터를 제공하는 목표를 가지고 있으며, 어반베이스는 이에 부응하여 실내공간 데이터와 공간분석 인공지능 서비스를 제공하게 된다.

어반베이스의 3D 도면데이터는 2D 건축 도면을 빠르게 3D 공간으로 자동 모델링하는 특허 기술을 활용하고 있다. 이를 통해 현장 방문 없이도 주거 공간의 다양한 구조를 실시간으로 확인할 수 있으며, 인테리어 시공에 필요한 정보를 실측 없이도 얻을 수 있다. 이는 인테리어에 소요되는 시간과 비용을 효과적으로 절감하는 데 기여한다.

데이터 외 제공되는 공간분석 인공지능(Space AI) 서비스는 실내공간 이미지를 분석하여 공간 유형과 사물 위치를 파악하며, 인테리어 스타일을 분석한 후 해당 스타일에 어울리는 제품을 추천한다. 이 서비스는 API(Application Programming Interface) 형태로 제공되어 공간분석을 기반으로 한 새로운 큐레이션 서비스를 가능케 한다.

다른 측면에서는 '아이피샵'과 '쿠키'의 협약으로 NFT를 활용한 친환경 로봇 캐릭터 프로젝트가 진행되고 있다. 아이피샵은 IP 거래 플랫폼과 NFT 거래소를 운영하여 다양한 방식의 거래를 제공하는 글로벌 IP 오픈마켓이다. 이와 같은 협업은 디지털 콘텐츠 시장에서의 혁신을 모색하는 중요한 계획으로 보인다.

---

59) 스트레이트뉴스, 어반베이스, 빅데이터 플랫폼·센터 구축, 2022.07

끝으로, '애니펜'은 투자용 기술신용평가(TCB)에서 '실감형 콘텐츠 제작 및 메타버스 플랫폼 개발 기술'로 최상위 등급 '매우 우수(TI-2)'를 획득한 것으로 전해졌다. 애니펜은 메타버스 플랫폼 및 관련 기술 개발 분야에서 새로운 혁신을 이끌어내고 있으며, 다양한 서비스와 어플리케이션을 통해 사용자들과 상호작용하는 모습을 보이고 있다.

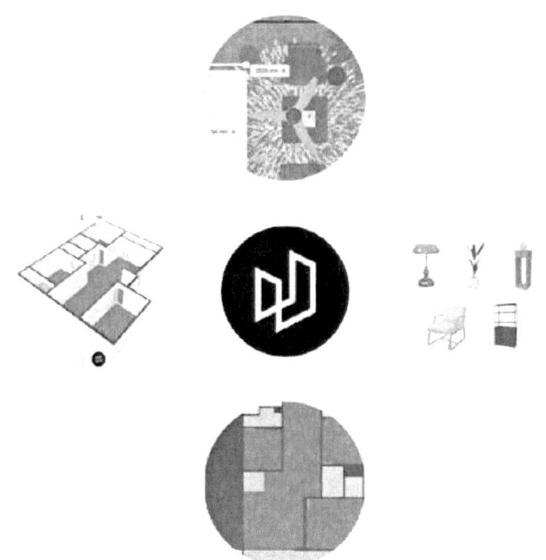

[그림 68] 어반베이스 실내공간 데이터 라인업

7) 시어스랩[60)

[그림 69] 시어스랩

[그림 70] 시어랩스가 개발한 롤리캠으로 촬영하는 연예인

만약 롤리캠이란 셀카동영상 애플리케이션에 익숙하다면, 시어스랩은 익숙한 이름일 것이다. 롤리캠은 MZ세대를 사로잡아 국내 유명 아이돌들의 인기를 얻은 앱으로, 사용자의 얼굴을 자동으로 인식하여 다양한 스티커를 적용하는 등 창의적인 기능으로 유명했다.

하지만 현재 시점에서는 수백 개 이상의 유사한 애플리케이션이 스토어에 가득하다. 롤리캠만으로 수익을 창출하는 것은 어려워 보인다. 그럼에도 불구하고, 시어스랩은 어떤 모습을 보이고 있을까? 한때 화려했지만 지금은 어떤가? 그렇다고 해서 사라진 것은 아니다. 오히려 시어스랩은 여전히 AR(증강현실) 기업으로서 국가 대표 기업으로 성장하고 있다.

---

60) 글로벌타임즈, 상상을 현실로 만드는 국가대표 AR 스타트업, 시어스랩, 2023.01

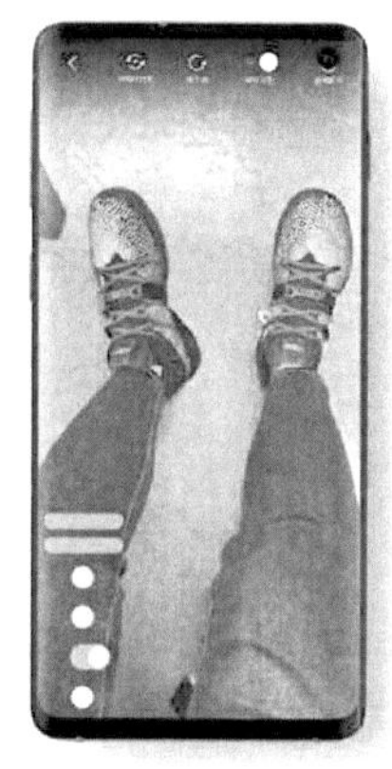

[그림 71] 메타버스 의류매장에서 피팅이 가능한 미러시티

롤리캠은 2015년에 선보이면서 AR 카메라 시장을 개척한 시어스랩은 1024년에 설립된 스타트업이다. 이 회사는 롤리캠을 시작으로 AI를 기반으로 한 얼굴 및 사물 인식 기술을 개발하여 한 장의 사진으로 3D 아바타를 만들어내는 기술까지 발전시켰다. 메타버스가 부상하기 시작한 2020년에는 이 기획을 확장하여 '미러시티' 플랫폼을 제작하였다.

미러시티는 기존의 메타버스 플랫폼과는 다르게 완전히 개방된 플랫폼으로, 누구나 자유롭게 자신만의 공간을 만들 수 있다. 상점, 식당, 학교, 공공기관 등 다양한 공간이 존재하며, 이를 통해 실질적인 경제 활동이 가능하다. 음식 주문, 은행 업무, 옷 쇼핑 등 다양한 경험이 가능한 것이 특징이다.

[그림 72] 미러시티가 구현한 편의점

2022년에는 과학기술정보통신부와 한국전파진흥협회의 메타버스 플랫폼 개발 사업에서 최종 사업자로 선정되었다. 이 프로젝트는 개방형 메타버스 플랫폼 '미러시티'를 통해 가상세계와 현실이 실시간으로 연동된다. 시어스랩은 이 사업을 통해 약 150억 원의 예산을 확보하고, 2024년에는 메타버스 플랫폼을 공개할 계획이다.

디즈니, 페이스북, 틱톡, 펩시, SM엔터테인먼트 등 국내외 굴지의 기업들이 시어스랩의 고객사로 명단에 올라있다. 시어스랩은 6000개가 넘는 AR 콘텐츠를 제작하였으며, 자사의 AR 기어(SDK)를 보유하고 있다. 이는 상당히 희소한 기술로, 애플, 구글과 같은 글로벌 기업만이 소유한 것이 일반적이다.

그동안의 해외 진출 노력도 빛을 발하고 있는데, 2020년에는 AIM 2020 두바이 피칭대회에서 최종 우승하여 중동 전역으로의 진출이 가능해졌다. 시어스랩은 CES 2023에서 국내 메타버스·미디어 기업과 글로벌 투자자들과의 협력 기회를 모색하는 등 꾸준한 해외 진출 노력을 이어가고 있다. CEO 정진욱은 "미러시티를 통해 가상세계와 현실세계가 실시간으로 상호작용할 것"이라며 향후에도 AI 기술을 높이고 실감 나는 메타버스 서비스를 개발해 세계적인 기업으로 성장하겠다고 밝혔다.

8) 스코넥엔터테인먼트[61]

[그림 73] 스코넥엔터테인먼트

스코넥 엔터테인먼트는 VR 시장에서 독특한 성장세를 보이는 기업 중 하나로, 처음에는 VR 게임을 개발하여 시장에서 큰 주목을 받았다. 그러나 그 이후에는 VR을 활용한 오프라인 교육 시뮬레이션으로 나선 것으로 알려져 있다.

기존의 교육 훈련과 병행하여 개발한 VR을 활용한 증강현실 훈련 시스템은 화학물질안전원에서도 활용 중이다. 이 시스템은 12제곱미터 규모의 공간에서 6명이 동시에 VR 기기를 착용하고 다양한 화학물질 재난 상황에 대한 훈련을 체험할 수 있는 특징을 가지고 있다.

이를 통해 얻는 교육은 위험한 상황에 직접 노출되지 않으면서도 어떤 도구와 순서로 문제를 해결해야 하는지를 체험할 수 있어 큰 장점이 있다. 염산 유출 상황에서의 훈련에서는 방호복을 입고 염산탱크를 잠그고, 장비를 사용하여 구멍난 염산탱크를 막는 등의 과정을 VR을 통해 직접 체험한다.

정부 부처인 환경부에서도 스코넥 엔터테인먼트의 이러한 교육 프로그램에 큰 관심을 가지고 있다. 현재는 국방기술품질원 연구소와 협력하여 10명이 동시에 훈련할 수 있는 대공간 시스템을 개발 중이며, 해군특수전단의 교육 센터에도 스코넥 엔터테인먼트의 시스템이 적용되고 있다고 한다.

스코넥 엔터테인먼트는 VR 게임 개발뿐만 아니라 교육 분야에서도 기술을 활용하고 있으며, 대공간 시스템의 표준화를 위해 IEEE를 통한 국제표준화를 추진하고 있습니다. 현재는 대공간 시스템에서 발생할 수 있는 불편함을 극복하고자 다양한 기술 개발을 진행 중이라고 밝혔다.

또한, VR 게임 분야에서는 FPS와 슈팅 장르에 특화된 게임을 개발 중이며, 앞으로는 어드벤처 장르의 VR 게임도 준비 중이라고 전했다. 또한, 다른 기업과의 협업 프로젝트뿐만 아니라

---

61) zdnet, 스코넥 "향후 3년이 VR 시장 관건…중심에 있을 것", 2023.01

자체 라인업을 늘려가는 계획이 있으며, 퍼블리싱 사업도 준비 중이라고 밝혔다.

스코넥 엔터테인먼트는 VR 콘텐츠 시장에서 게임 뿐만 아니라 교육 분야에서도 주목받는 기업 중 하나로, 불편함을 극복하고 다양한 분야에서의 활용을 모색하고 있습니다. 이에 대한 투자와 연구 개발을 통해 앞으로의 성장이 기대된다.

스코넥 엔터테인먼트는 VR 콘텐츠 시장에서 게임 뿐만 아니라 교육 분야에서도 주목받는 기업 중 하나로, 불편함을 극복하고 다양한 분야에서의 활용을 모색하고 있습니다. 이에

나. 국외 기업

1) HTC[62]

 HTC Corporation은 대만에 본사를 둔 스마트 모바일 기기, 커넥티드 기술, 가상 현실(VR) 분야의 세계적인 혁신 기업으로 HTC는 가상 현실(VR) 시장에서 헤드셋 가상현실(VR) 기기인 HTC Vive를 고안했다. HTC의 가상현실 제품을 살펴보면 아래 표와 같다.

카테고리	제품 및 솔루션
가상 현실(VR)	• HTC Vive Pro • HTC VIve • VIVE Tracker • VIVE Deluxe Audio Strap • VIVEPORT

[표 18] HTC 주요 제품 제공 현황

[그림 74] VIVE XR Elite 올인원 컨버터블 XR 헤드셋

HTC가 올해 CES 2023에서 소비자를 대상으로 한 차세대 올인원 XR 헤드셋인 VIVE XR Elite을 공개했다. 이 헤드셋은 혼합 현실(MR)과 가상 현실(VR)을 결합하여 게이밍, 피트니스, 생산성 등 다양한 분야에 적합한 강력하면서도 가벼운 장치로 주목받고 있다.

VIVE XR Elite은 핸드 트래킹과 풀 컬러 RGB 패스스루 카메라를 통해 MR 상황에서 놀라운 경험을 제공한다. 비디오 게임에서 캐릭터가 방 안을 돌아다니는 등 새로운 차원의 상호작용이 가능하며, 물리적 키보드와 마우스에 접근하면서 가상 스크린을 활용하는 등 다양한 상황을 제공한다.

---

62) fonearena, HTC unveils VIVE XR Elite all-in-one convertible XR headset, 2023.01

무선 PC 스트리밍 기능과 Wi-Fi 6E를 활용하여 저지연과 우수한 그래픽을 제공하며, USB-C를 통한 신속한 PC 연결로 VIVEPORT 및 Steam의 PCVR 콘텐츠에 간편하게 접근할 수 있다. 다양한 콘텐츠와 게임들은 물론, 새로운 MR 게임들도 향후 추가될 예정이다.

더불어 VIVE XR Elite은 호환 가능한 Android 스마트폰에서 무선으로 멀티미디어 스트리밍을 지원하여 새로운 엔터테인먼트 경험을 선사한다. Netflix, Disney+의 영화뿐만 아니라 Fortnite와 같은 게임도 헤드셋을 통해 즐길 수 있으며, Bluetooth 컨트롤러를 연결하여 더욱 몰입적인 게임 플레이가 가능하다.

헤드셋은 모듈러 디자인으로 배터리를 제거하고 VIVE XR Elite 템플 패드를 삽입하여 스펙터클 형태로 변환할 수 있으며, 4개의 와이드 필드 오브 뷰 카메라, 6DoF 공간 정확도, 핸드 트래킹, 그리고 전도성 감지를 통해 정확한 움직임을 제공한다.

110도의 광시야각, 4K 해상도, 90Hz 주사율을 갖춘 VIVE XR Elite은 가벼운 무게와 함께 USB-C 충전과 30와트 고속 충전을 지원한다. 탈착 가능한 얼굴 쿠션과 큰 스피커를 통해 사용자 편의성과 사운드 품질을 높였으며, HTC는 일본의 pixiv와 협력하여 VRoid의 아바타를 VIVERSE에 통합하여 다양한 경험을 제공한다.

2) 마이크로소프트(MS)[63]

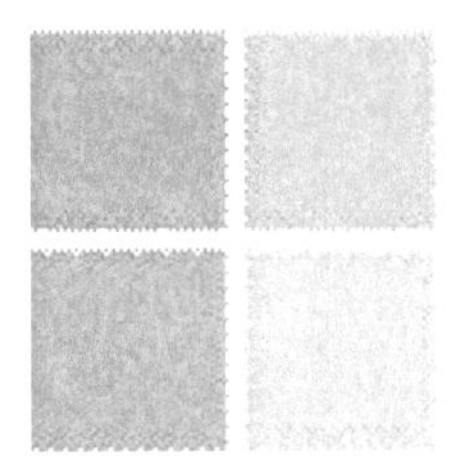

[그림 75] 마이크로소프트

 마이크로소프트는 1975년 빌 게이츠(BillGates)가 폴 앨런(PaulAllen)과 함께 설립한 다국적 기업이다. 본사는 미국 워싱턴 주(州) 레드먼드 시에 있으며, 컴퓨터 기기용 소프트웨어 및 하드웨어를 개발·판매한다. 주요 사업 분야는 윈도 운영체계, 윈도 서버시스템, 온라인서비스, 비즈니스용 소프트웨어, 엔터테인먼트 및 모바일 디비전 등이다. 마이크로소프트의 증강현실 제품은 헤드 마운트 디스플레이(HMD)와 클라우드 컴퓨팅 서비스로 나눌 수 있다.

카테고리	제품 및 솔루션
헤드 마운트 디스플레이(HMD)	• Microsoft Hololens
클라우드 컴퓨팅 서비스	• Azure

[표 19] 마이크로소프트 주요 제품 제공 현황

---

63) siliconangle, Microsoft integrates OpenAI's DALL-E 3 into Bing for enhanced image creation, 2023.10

[그림 76] 마이크로소프트 OpenAI를 활용한 이미지 생성

Microsoft이 OpenAI LP의 DALL-E 3를 Bing Chat 및 Bing Create를 통해 사용자에게 무료로 제공한다고 발표했다. DALL-E 3은 2021년에 출시된 이미지 생성 신경망 시리즈의 최신 제품으로, 높은 품질의 이미지 생성과 사용자 이해력에서 이전 버전 및 다른 이미지 생성기를 뛰어넘는 정확성을 제공한다.

이전에는 ChatGPT Plus 가입자에게만 제공되던 DALL-E 3는 이제 Bing을 통해 무료로 이용 가능하며, 사용자는 더 이상 ChatGPT Plus에 가입할 필요가 없다.

Bing의 DALL-E 3는 자연어 프롬프트를 활용하여 사실적이고 다양한 이미지를 생성한다. 관련성과 프롬프트 따르기를 강조하며, 정밀성과 신뢰성이 높아져 사용자의 프롬프트를 정확하게 반영합니다. 또한 시각적으로 매력적인 이미지를 통해 다양한 프롬프트에 대해 다른 모델보다 더 사실적인 이미지를 생성한다.

미적인 측면에서 DALL-E 3는 현실적이면서도 창의적이며 예술적인 이미지를 생성하며, Bing 사용자는 고유한 스타일로 이미지를 꾸밀 수 있다.

Bing의 DALL-E 3은 "합성 미디어"의 위험과 과제를 극복하여 사용자의 안전을 보장한다. 눈에 띄지 않는 디지털 워터마크를 통해 콘텐츠 출처와 진위를 확인하며, Bing Image Creator에서 생성된 모든 이미지와 함께 콘텐츠 자격 증명을 제공한다. 콘텐츠 조정 시스템은 유해한 이미지를 제거하도록 교육되어 서비스 약관과 커뮤니티 지침을 준수하며 사용자를 보호한다.

3) 구글[64]

Google

[그림 77] 구글

구글은 '페이지 랭크'라는 독자적인 검색 알고리즘을 개발해 검색 시장을 장악하고 성장한 세계 최대 인터넷 검색 서비스 회사다. 구글은 전 세계 60개국 이상에 지사를 두고, 130개가 넘는 언어로 검색 인터페이스를 제공하고 있다. 하지만 구글은 검색 포털에 그치지 않고 다양한 산업군으로 사업을 확대하고 있으며, 가상현실과 증강현실도 이 중 하나다. 구글의 제품은 크게 헤드 마운트 디스플레이(HMD), 소프트웨어 개발 키트(SDK), 소프트웨어 및 앱, 증강현실(AR) 안경으로 나눌 수 있다.

카테고리	제품 및 솔루션
증강현실(AR) 안경	• Google Glass
헤드 마운트 디스플레이 (HMD)	• Glass • Cardboard
소프트 웨어 개발 키트(SDK)	• ARCore
소프트웨어 및 앱	• Tilt Brush • Earth VR • Expeditions • Jump • Google Lens • Development Tools

[표 20] Google 주요 제품 제공 현황

구글은 I/O 개발자 컨퍼런스에서 'Geospatial Creator' 도구를 공개했다. 이 도구를 사용하면 누구나 Unity 및 Adobe Aero에서 몇 분 안에 세계에 고정된 증강 현실(AR) 콘텐츠를 시각화, 디자인, 게시할 수 있습니다. ARCore 및 구글 지도 플랫폼의 사실적인 3D 타일을 기반으로 한 Geospatial Creator는 개발자가 디지털 콘텐츠를 실제 세계에 어디에 배치하고 싶은지 쉽게 시각화할 수 있게 해주며, 이는 Google Earth 또는 Street View처럼 작동한다.

---

64) auganix, Google launches Geospatial Creator for building world-scale augmented reality experiences, 2023.05

Geospatial Creator에는 3D 타일과 가상 콘텐츠를 쉽게 고정하는 데 도움이 되는 Rooftop 앵커와 같은 새로운 기능이 포함되어 있습니다. 이 도구는 Android 및 iOS에서 지원되는 크로스 플랫폼 경험을 지원하며, Adobe Aero를 통해 QR 코드 스캔을 통한 간단한 공유가 가능하다. Google은 Gap, Mattel, Global Street Art, Singapore Tourism Board 및 Gensler와 같은 협력사들과 협력하여 실제 사용 사례를 보여주었다. 이 중에는 실제 공간을 활용한 SPACE INVADERS 게임, 상호 작용이 가능한 Gap x Barbie 체험, 글로벌 도시의 증강 벽화, 그리고 싱가포르 안내 투어 등이 있다. 이번 출시는 개발자들이 세계 규모의 생생한 AR 경험을 쉽게 구축하고 게시할 수 있도록 하는 것을 목표로 하고 있다. 구글은 또한 Streetscape Geometry API, Geospatial Depth API 및 Scene Semantics API와 같은 새로운 ARCore 기능도 소개했다.

4) 소니

SONY

[그림 78] 소니

소니는 일본의 다국적 기업으로, 전자기기, 게임, 엔터테인먼트, 금융 등이며, 음향/영상기기, 방송기재에서 독보적인 위치를 차지하고 있다. 소니는 소비자 및 산업 시장을 위한 전자 기기와 장치를 제공하며, 고객 지원 서비스를 전 세계로 확대하고 있다. 소니의 주요 가상융합기술 제품은 헤드 마운트 디스플레이(HMD)와 소프트웨어로 구분할 수 있다.

카테고리	제품 및 솔루션
헤드 마운트 디스플레이 (HMD)	• SmartEyeglass • PlayStation VR
소프트웨어	• Software Development Kits (SDKs)

[표 21] Sony 주요 제품 제공 현황

[65)]최근 소니 일렉트로닉스가 ELF-SR2를 Spatial Reality Display 포트폴리오에 도입하여 사용자들에게 더 큰 27인치 4K 디스플레이를 제공하며 특수 안경이나 VR 헤드셋 없이도 현실적이고 입체적인 콘텐츠를 즐길 수 있게 했다. 이 제품은 업그레이드된 고속 비전 센서, 이미지 품질 향상 기술, 그리고 설치 유연성을 강조하며, 산업 디자인, 의료 계획, 건축, 공학, 건설, 소매, 소프트웨어/애플리케이션 개발, 게임 개발자 및 엔터테인먼트 애플리케이션에 최적화되었다.

소니의 전문 디스플레이 솔루션 부문 부사장인 Rich Ventura는 ELF-SR2를 소개하며 "원래의 Spatial Reality Display는 3D 콘텐츠를 현실적이고 정교하게 소개하여 손으로 경험해야 할 놀라운 신뢰성과 세련미를 제공하고 있다. 기술을 사랑하는 사용자들로부터 계속해서 전문가들로부터 '이 디스플레이는 더 큰 크기로 제공되나요?'라는 같은 질문을 듣고 있다. 더 큰 화면뿐만 아니라 색상 감마, 새로 개발된 엔진, 고급 고속 센서 및 응용 프로그램 및 개발 지원과 같이 콘텐츠 제작을 향상시키기 위해 강력하고 자주 요청되는 기능들을 추가했다. 이 모든 것을 매우 경쟁력 있는 가격에 제공합니다"라고 설명했다.

5) 오큘러스

[그림 79] 오큘러스

오큘러스는 2012년 8월 킥스타터(Kickstarter ; 미국 크라우드 펀딩 사이트)에서 오큘러스 리프트 개발자 버전(Oculus Rift DK1)을 선보였다. 그리고 한 달 만에 240만 달러 정도의 투자를 받아서 VR HMD(Virtual Reality Head Mounted Display)를 개발하는 오큘러스 리프트 벤처회사를 창립했다. Oculus Rift, Oculus Touch와 같은 가상 현실(VR) 기술 제품의 개발 및 제조를 업으로 하고 있다.

---

65) prnewswire, Sony Electronics Introduces New Generation Spatial Reality Display, 2023.04

오큘러스에서 개발된 제품들은 주로 모험, 액션, 격투, 공포, 교육 등 다양한 카테고리의 비디오 게임에 활용되고 있다. 오큘러스는 그동안 연구개발(R&D)에 막대한 투자를 했고 Facebook(미국)의 지원을 받아 가상 현실(VR) 시장에서 중요한 역할을 하고 있다. 오큘러스의 제품은 크게 헤드 마운트 디스플레이(HMD), 하드웨어, 소프트웨어로 나누어볼 수 있다.

카테고리	제품 및 솔루션
헤드 마운트 디스플레이 (HMD)	• Oculus Rift • Oculus Go • Oculus Rift Core 2.0
하드웨어	• Oculus Touch
소프트웨어	• Development Kit 2

[표 22] Oculus 주요 제품 제공 현황

최근 2020년 10월 출시된 오큘러스 퀘스트2가 출시 후 약 1년만에 누적 출하량 1천만 대를 돌파했다. 오큘러스퀘스트2는 PC에 연결하지 않고 헤드셋에서 모든 콘텐츠를 구동할 수 있는 최초의 스탠드얼론 VR 헤드셋 오큘러스퀘스트의 후속작이다. 전작보다 10% 경량화 된 503g의 무게, 서브화소까지 포함해 2배 이상 증가한 화소, 꾸준한 업데이트를 통해 120Hz의 초당 주사율 지원 등의 기능을 갖춘 것이 특징이다.[66]

---

66) 오큘러스퀘스트2, 1년만에 판매량 1천만대 돌파, ZDNet, 2021.11.26

6) 레노바[67]

Lenovo™

[그림 80] Lenovo

Lenovo는 스마트폰, 노트북 컴퓨터, 프로젝터, 데스크톱 컴퓨터, 워크스테이션, 서버, 스토리지 드라이브, IT 관리 소프트웨어 및 관련 서비스 등을 다양하게 제조하고 판매하는 업체입니다. 이를 포함한 Lenovo의 제품 포트폴리오에는 워크스테이션, 서버, 스토리지 솔루션, IT 관리 소프트웨어, 스마트 TV, 태블릿, PC, 스마트폰, AR-VR 장치 및 앱이 포함되어 있습니다.

카테고리	제품 및 솔루션
헤드 마운트 디스플레이(HMD)	• Lenovo Mirage AR
엔터프라이즈 증강 현실(AR) 헤드셋	• ThinkReality A6 • ThinkReality A3

[표 23] Lenovo 주요 제품 제공 현황

레노버의 증강현실 제품은 헤드 마운트 디스플레이(HMD)와 엔터프라이즈 증강 현실(AR) 헤드셋으로 나눌 수 있다. 루카 로시, 레노버 Intelligent Devices Group 대표는 5G, 증강 현실, 가상 현실 기술 혁신을 통해 디바이스, 사람, 장소 간의 경계를 허물고 있다고 설명했다.

레노버는 물리적 및 가상 세계를 융합하여 협업 방식을 혁신하고, 생생한 경험을 제공하는 다양한 디바이스와 기술을 개발 중이다. 이 중에서도 사이버 스페이스와 'phygital' 기술은 현실과 디지털 간의 경계를 해소하고 새로운 상호 작용 환경을 제시하고 있다.

레노버는 열린 메타버스에 대한 높은 관심을 보이며, 기업 및 업무 환경에서 가상과 현실 간의 장벽을 허물어 나가는 기술을 개발하고 있다. VR 및 AR 기술을 활용한 효과적인 훈련과 협업을 통해 유연하고 확장 가능한 메타버스로의 전환을 촉진하고 있다.

이와 같은 기술 혁신은 레노버가 물리적 공간, 근무자, 화면의 관념을 혁신하며 현실과 가상을 융합하여 사람들을 연결하고 사고 방식을 변화시키는 힘을 제공하고 있다는 점을 강한니다.

---

67) news.lenovo, From Devices to Spaces: How Innovation Is Blending the Virtual and the Real, 2022.10

7) PTC

[그림 81] PTC

 PTC는 컴퓨터 소프트웨어 제공 업체로, CAD(Computer-Aided Software), PLM(Product Lifecycle Management), ALM(Application Lifecycle Management)및 SLM(Service Lifecycle Management)를 개발 및 판매 중이다. PTC는 솔루션 그룹과 기술 플랫폼 그룹의 2개 사업부를 통해 운영되고 있다. PTC의 주요 제품은 크게 Vuforia, 3D 캐드 소프트웨어, PLM 소프트웨어로 나눌 수 있다.

카테고리	제품 및 솔루션
Vuforia	• AR technology platform
3D 캐드 소프트웨어	• Creo
PLM (Product Lifecycle Management) 소프트웨어	• Windchill

[표 24] PTC 주요 제품 제공 현황

PTC는 디지털 기술을 통한 혁신을 강조하며, 디지털 스레드를 통해 비즈니스의 디지털 측면과 물리적 측면을 연결하여 빠른 의사 결정을 도모합니다. 클라우드 컴퓨팅과 SaaS 솔루션을 통해 연결과 협업을 강화하며, 기술들이 함께 작동하여 고객에게 큰 가치를 제공한다.

더해, 디지털 혁신의 키 요소로 SaaS에 투자하고 있으며, 인공 지능, 공간 컴퓨팅, 디지털 트원과 같은 신기술을 탐구하여 산업 기업의 운영 방식을 혁신하고자 하며 미래를 위한 기술 혁신을 추구하며, 창의력을 통해 사회적인 과제에 대한 해결책을 모색합니다. 고객들의 디지털 혁신을 지원하고, 지속 가능한 미래를 위한 변화를 주도하는 역할을 하고 있다.[68]

---

68) PTC 증강현실 제품군, PAC 레이더 공급업체 분석에서 최고점 획득, ICNWeb, 2021.11.02

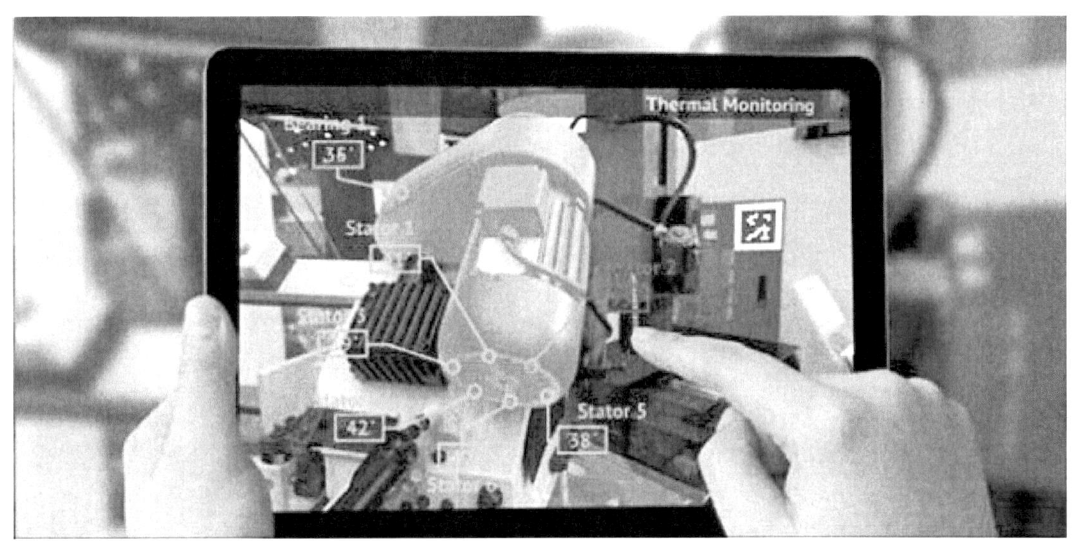

[그림 82] Vuforia

09

9. 결론

국내 실감콘텐츠의 정의는 정부 각 부처 간에 차이가 있으며, 해외에서는 ICT를 기반으로 시각, 소리, 감각 등 다양한 자극을 제공하는 Immersive Content로 정의되고 있습니다. 다양한 명칭으로 표현되지만, 주로 Realistic, Immersive, Interactive Contest 등으로 불리고 있다.

실감콘텐츠는 VR, AR, MR, HR 기술을 활용하여 사용자에게 몰입감 있는 경험을 제공하는 콘텐츠로, ICT의 첨단 기술과 융합되어 있습니다. 주요 특징은 몰입감, 상호작용, 지능화이며, 실감기술을 통해 다양한 감각을 자극하여 현실감과 만족감을 높입니다. 이를 통해 다양한 문화콘텐츠와 결합하여 사용자에게 지적, 정서적으로 큰 만족감을 제공GKS다.

2020년에는 글로벌 VR 및 AR 시장이 295억 달러에서 75.7%의 연평균 성장으로 급증하며, 2026년에는 8,676억 달러로 예상된다. 국내 시장도 2026년에는 약 1조 8,078억 원으로 성장할 것으로 전망되고 있다. 또한, 전 세계적으로 VR, AR, XR 시장은 계속해서 성장하고 있으며, 산업계에서는 홈엔터테인먼트와 5G 네트워크 등에 대한 투자가 이뤄지고 있다.

실감콘텐츠 산업에 대한 현황파악을 위한 실태조사 결과, 애로사항으로는 산업 및 시장분석 정보 부족, 마케팅 및 영업망 부족, 시장 수요 부족 등이 나타났다. 중장기 전략은 K-콘텐츠 글로벌 확산으로 실감 콘텐츠 산업을 지원체계 수립하고, 2027년까지 매출 9.5조 원, 일자리 2.8만 명, 수출 8.1억 달러를 목표로 하고 있다. 이를 위해 사업 기반 지원, 인프라 플랫폼 확충, 전문 융합인재 양성, 글로벌 시장 진출확대 등 4대 전략을 펼치고 있다.

10

참고문헌

10. 참고문헌

[1] VR/AR, 비현실의 현실화, 삼성증권, 2019.07.12.
[2] XR(확장현실) 시대의 도래, 이슈브리프, 2021.05.10
[3] XR 기술과 메타버스 플랫폼 현황, 2021
[4] XR(VR, AR·MR)용 마이크로 디스플레이 기술동향, 한국디스플레이산업협회
[5] 홀로그램의 원리와 시장 동향, KISTEP Issue Paper, 2019
[6] 홀로그램 실감 콘텐츠의 동향, 정보처리학회지 제 28 권 제 1 호(2021. 3)
[7] 가상/증강현실 디바이스 기술 동향, TTA JOURNAL, 2019.09
[8] 모바일 혼합현실 기술, ETRI, 2007.08
[9] 2020년 국외 디지털콘텐츠 시장조사 및 동향 심층분석, SPRI, 2021.03
[10] 5G시대, 실감산업 육성 방안 연구, SPRI, 2020.01
[11] 위지윅스튜디오, 한국IR협의회, 2021.07.29

초판 1쇄 인쇄 2021년 3월 10일
초판 1쇄 발행 2021년 3월 15일
개정판 발행 2022년 3월 15일
개정2판 발행 2023년 12월 11일

편저 비피기술거래 비피제이기술거래
펴낸곳 비티타임즈
발행자번호 959406
주소 전북 전주시 서신동 780-2 3층
대표전화 063 277 3557
팩스 063 277 3558
이메일 bpj3558@naver.com
ISBN 979-11-6345-493-9 (93560)

이 도서의 국립중앙도서관 출판예정도서목록(CIP)은 서지정보유통지원시스템홈페이지
(http://seoji.nl.go.kr)와국가자료공동목록시스템 (http://www.nl.go.kr/kolisnet)에서 이용하
실 수 있습니다.